天下文化
BELIEVE IN READING

科學文化 215

我們可以選擇的
未來
拯救氣候危機

The Stubborn Optimist's Guide to the Climate Crisis

Christiana Figueres and Tom Rivett-Carnac

克莉絲緹亞娜．菲格雷斯 & 湯姆．里維特－卡納克／著
林俊宏／譯

本書獻給菲格雷斯的兩個女兒：

奈瑪和苡哈娜

以及里維特－卡納克的女兒及兒子：

柔伊和亞瑟

以及之後的世世代代；

是他們，

將會面對我們所選擇的未來。

我們該祈禱的，

不是面對危險時能得到庇護，

而是面對危險仍能無所畏懼。

——泰戈爾

我們可以選擇的未來
拯救氣候危機

目錄

作者的話

為所有孩子打造更美好的世界

我們兩個人交情很好、理念也相近，但還是有許多不同。首先，光是出生年就分屬兩個不同的地質年代。菲格雷斯於 1956 年出生，正值為期一萬兩千年的**全新世**（Holocene）接近尾聲，氣候穩定，讓人類得以蓬勃發展；里維特－卡納克則是生於 1977 年，時值**人類世**（Anthropocene）邁開腳步，特徵就是人類破壞了我們賴以蓬勃發展的那些條件。

我們也來自地緣政治版圖的兩個極端：菲格雷斯出身哥斯大黎加，該國一直是經濟成長與自然環境和諧共存的典範；里維特－卡納克則出身英國，這是全球第五大經濟體、工業革命的發源地，國家發展深深依賴煤炭。

菲格雷斯來自源遠流長的政治世家，父母雙方家族都是移居至哥斯大黎加的移民。她的父親曾三度當選哥斯大黎加總統，公認為現代哥斯大黎加的國父，不僅發起了一些世界上影響最深遠的環境政策，也是至今唯一廢除國家軍隊的國家元首。里維特－卡納克的家族則帶著濃濃的英國歷史氣息，從私部門起家，直系祖先為東印度公司（East India Company）創辦人，東印度公司當時是史上唯一擁有私人軍隊的公司。里維特－卡納克最早的記憶，就是和身為石油地質師的父親一起找石油。

菲格雷斯有兩位已經長大成人的女兒，而里維特－卡納克則有一對還不滿十歲的兒女。

我們本來應該不會有什麼交集，但都覺得有一件事是重中之重：我們都擔心自己孩子的未來、**您的孩子**的未來。在 2013 年，我們決定攜手合作，希望為所有孩子打造更美好的世界。

攜手催生《巴黎協定》

從 2010 年到 2016 年，菲格雷斯擔任《聯合國氣候變遷綱要公約》(United Nations Framework Convention on Climate Change, UNFCCC）執行祕書，該組織的任務正是要引導全球政府對氣候變遷做出回應。2009 年哥本哈根氣候變遷大會在眾目睽睽下破局，而會後由菲格雷斯接手成為談判協商的最高負責人。當時有人認為達成全球協議是不可能的任務，但她不願意接受這種說法。

她在 2013 年聽說了里維特－卡納克這個人，當年他是美國碳揭露專案（Carbon Disclosure Project）的總裁暨執行長，而且還曾經是個和尚。這種奇特的經歷組合讓菲格雷斯很好奇，於是邀請他來到紐約，共商讓他成為菲格雷斯的資深政治顧問。

兩人花了幾乎一整天漫步曼哈頓，行程快結束的時候，菲格雷斯轉向里維特－卡納克，告訴他：「我很清楚，你沒有這份工作所需的經驗。但是你有更重要的東西：你有著一份謙遜，能夠集結起眾人的智慧；也有勇氣，能夠面對任何令人覺得難辨東西南北的錯綜複雜。」

於是，菲格雷斯邀請里維特－卡納克，成為她的首席政治參謀，一同加入聯合國組織，推動《巴黎協定》的協商談判。

里維特－卡納克籌畫領導了一項幾乎不為外人所知的「輿論思潮計畫」（Groundswell Initiative），動員了政府單位以外的諸多利益相關人士，一同支持《巴黎協定》（Paris Agreement）的雄心壯志。幾年後，史上關於氣候變遷涵蓋最為廣泛的國際協議，終於成真。

晚間7點25分，綠色木槌落下。2015年12月12日，《巴黎協定》通過，五千位代表幾小時來屏氣凝神，現在終於欣喜若狂，從座位上跳了起來，歡慶這項歷史性的突破。這項由一百九十五個國家一致通過的協定，將會引導各國未來四十年的經濟發展，一條全新的全球道路在眼前展開。

然而，道路必須確實有人行走，才有價值。在氣候變遷的問題上，人類已經拖延太久，我們必須盡快走上這條道路，甚至是拔腿狂奔。本書點出了這條奔跑的路線，並且希望讀者和我們一起，跑起來！

引言

關鍵的十年

從現在到 2030 年之間，

我們的碳減排量將會決定未來數百年人類的生活品質。

從亞馬遜到加州，從澳洲到北極圈的西伯利亞，世界正在熊熊燃燒。時間已晚，而拖延許久的關鍵時刻也即將到來。我們究竟是要眼睜睜望著世界燃燒，還是要下定決心，做一些只要想改變未來，就不能逃避的事？

我們對自己有何瞭解，就會決定自己要做出怎樣的選擇，決定我們未來的命運。這項選擇也簡單、也複雜，但最重要的是已經不能再等了。

在華盛頓特區，一個星期五的上午 10 點，一名十二歲的女孩正在和朋友遊行，她舉著手繪的標誌，是一個被紅色火焰包圍的地球。在倫敦，一群成年的示威民眾身穿黑色服裝、戴著鎮暴頭盔，形成人牆而阻擋了皮卡迪利圓環的交通，還有人用黏膠把自己黏在英國石油公司（BP）總部前的人行道上。在首爾，街頭站了一群小學生，背著各種顏色的背包，舉著「**氣候罷課**」（climate strike）的標語；而且這群小學生用的是英語，以方便媒體傳播。在曼谷，幾百名青少年學生走上街頭，抱著堅定的決心、沉重的心情，前方是他們那位悍然挑戰權勢的領導者：一名十一歲的女孩，手上的標語寫著「**海面升起，我們也在奮起**」。

在格蕾塔・桑伯格（Greta Thunberg，於瑞典國會前獨身發起抗議活動的少女）的啟發下，全世界幾百萬名年輕人，起身發動公民不服從的運動，引起社會關注氣候變遷。學生知道科學預測的未來，對於自己未來的生活品質下降，感到恐懼。他們要求，現在就必須果斷行動。

面對這場氣候危機，我們目前的努力遠遠不足，而學生在眾人心中點起熊熊怒火，科學家、父母與教師紛紛加入他們的行列。昔日，從印度爭取獨立到美國的民權運動，一旦當權者的不公不義令人再也難以忍受，就會爆發公民不服從的反撲，而今日的氣候變遷正是這種例子。世代不公義使民怨沸騰，又看到弱勢團體幾乎沒能得到任何協助，抗議的防洪閘門終於大開，那些受影響最深的人走上了街頭。這些人的憤怒，正是我們迫切需要的能量，能夠推動對現狀的反抗，刺激創意、開創新局。

基林曲線不斷上升

會出現這些抗議，其實不該令人太訝異。早從至少 1930 年代以來，人類就已經得知氣候變遷的可能；到了 1960 年代，地球化學家基林（Charles Keeling）測量地球大氣中的二氧化碳，發現趨勢每年上升，進而確認了氣候變遷的事實。[1]

但在那以後，人類幾乎沒有採取任何措施來應對氣候變遷，結果就是讓導致氣候變遷的溫室氣體排放量不斷增加。我們還是繼續為了追求經濟成長，毫無限制的開採、燃燒化石燃料，這對森林、海洋、河流、土壤與空氣都產生了致命的影響。而對於人類賴以為生的生態系，我們對待它的方式也絕不明智。雖然有可能只是無心之過，但是人類對生態系的破壞既粗暴無情、也難以挽回。

正因人類的輕忽，讓氣候變遷已經從關乎人類存亡的挑戰，迅速發展成近在眼前的嚴峻危機，我們正迅速來到地球能夠承受的極限，一旦跨越，一切都將徹底改變。但許多人還完全看不到這些掠奪破壞。雖然自然災害的發生頻率和強度不斷增加，但我們看著自己賴以維生的環境不斷遭到破壞，卻還是沒想到，未來究竟還能否確保後代子孫能夠過得安全、求得溫飽、能住在海岸邊上、能有一個完整安心的家。

各國政府已經開始嘗試逐步解決氣候變遷問題，其中影響最廣泛的就是《巴黎協定》，以一套統一的策略來應對氣候變遷。全球各國政府在 2015 年 12 月無異議通過《巴黎協定》，多數國家也以破紀錄的時間，在國內批准《巴黎協定》為國內法。自此，許多大小規模的企業已訂立值得讚揚的減排目標；許多地方政府制定了有效的環保政策；許多金融機構也將大筆資金從化石燃料，轉移到了替代性的清潔能源科技。

然而，某些國家已經開始宣布進入氣候緊急狀態。因為就算集結當下所有應變做法，仍然遠遠不足以阻止全球的溫室氣體排放量繼續上升，更別說是開始減少。地球體質日益脆弱，而每過一天，能拯救它的時間就少了一天。目前地球正逐漸變得不再適宜人居，我們時間所剩無幾。一旦過了臨界點，就將再也無法彌補人類對環境的損害，也無法再挽救人類在地球上的未來。

這些年來，大眾對氣候變遷的反應可說是五花八門。有些人極端否認，表示自己根本「不相信」有氣候變遷，例如美國前任總統川普就是最明顯的例子。但否認氣候變遷，其實就等於說自己不相信有重力。氣候變遷的科學不是什麼信仰、宗教或政治意識型態，而是各種可測量、可驗證的事實。無論我們相不相信有重力，重力都會對我們造成影響；同樣的，無論我們出生或居住在哪裡，所有人都會受到氣候變遷的影響。每次出現新的嚴重天災，就會更明顯看到「不相信氣候變遷」是多麼不負責任。這些氣候否認者（climate denier）厚顏無恥，迴護著化石燃料業的短期財務利益，卻損害了子孫後代的長期未來。

哀傷也能帶來強大力量

相對於極端否認的另一個極端，則是有些人雖然承認氣候變遷的科學確實無誤，卻已經開始失去信心，覺得人類對氣候變遷無能為力。這些人感受到生態系與生物多樣性已經蒙受無以言喻的損失，也感受到未來還有許多事物即將失去，包括我們習以為常的生活方式，於是心中籠罩著深切的哀傷，令他們信心全失，不相信人類整體有能力改變歷史進程。每部新的紀錄片、每項新的科學研究、每則新的災難報導，都讓這份哀傷更加沉重。

但哀傷也可能帶來強大的力量，促成改變。氣候變遷之所以會如此長期不受控制，有可能正是因為我們並未真正感受到氣候變遷的意義。我們必須給予自己足夠的時間與空間，深深感受自己的悲傷，並且公開表達。我們感受到這種原始情緒之後，許多人會經歷一種黑暗而令人不安的絕望，但我們還是要勇敢前行，不能讓這份絕望侵蝕我們改變的能力。

任由哀傷和憤怒沉淪為絕望，就無力促成任何改變；讓哀傷和憤怒昇華為信仰，就能有沛不可擋的力量。

至於大部分人，則是處在這兩種極端之間：雖然瞭解氣候變遷的科學、也承認相關的證據，卻沒有任何行動。原因可能是不知道該做些什麼，又或者是「假裝沒有氣候變遷這回事，過起日子會比較輕鬆」，畢竟氣候變遷太令人恐懼、也太令人不知所措。在很大程度上，很多人都是在逃避現實。每每看到極端天氣的新聞，都會讓人覺得緊張得要胃抽筋：本該五百年一遇的颶風，在一個月內就出現了兩次；嚴重的乾旱讓整個村莊從地球表面消失；熱浪頻頻打破史上最高溫紀錄。這些災難清楚告訴我們有什麼事正在實際發生，但我們接著就關了電視新聞，轉去做一些不會讓自己覺得那麼偽善的事，彷彿什麼事都沒發生。又或者反正我們本來就無力阻止，這樣一來，我們才能自欺欺人，覺得日子肯定還能一切如常。這些反應雖然是人之常情，卻也是可怕的錯誤。現在安逸耽溺，必然會讓我們的未來落入匱乏、衝突與動蕩。

人類已經在毀滅的道路上走得太遠，再也無法「解決」氣候變遷的問題。大氣層目前已經充滿了溫室氣體，生物圈也有了太大的變化，再也無法讓一切回到全球暖化及各種影響之前。無論是我們、或是所有後代子孫，都將生活在一個環境條件永遠不同的世界。我們無法再找回已滅絕的物種、已融化的冰川、已死去的珊瑚礁，或是已被毀去的原始森林。我們能做的，最多也只是將變化維持在可控範圍內，避免徹底毀滅，避免碳排放恣意飆升將造成的災難。這樣一來，至少有可能讓我們脫離現在的危機模式。那是我們必須做的最底限。

然而，我們能做的還有更多。

我們有能力改變未來走向

如果能現在就直指氣候變遷的成因，就能立刻將風險降到最低、讓自己更加強大。我們今天有個千載難逢的機會，讓未來不僅能穩定安逸、甚至還能有所改進。我們可以讓運輸更有效率、更便宜，從而減少交通量；我們可以讓空氣更清新，使人人更健康、都市生活更宜人；我們也可以更懂得如何好好運用自然資源，減少對土地和水源的汙染。如果能培養出必要的態度、促成這種升級版的環境，將代表著人類的成熟。

雖然氣候變遷的考驗如此嚴峻，但我們確實有能力改變未來的走向，沒有任何客觀證據否定這種可能。人類社會過去就有過種種艱難的挑戰，像是根深柢固的奴隸制度與種族主義、對女性的壓迫和排擠、法西斯主義的崛起。當然我們還不能說已經完全解決了這些挑戰，但整體而言，已經知道這些都是能夠克服的。

相較於過去的挑戰，氣候變遷對人類物種來說，彷彿預示著一種終局，也就更為複雜。然而我們也有充分的準備，有各種的社會和政治成就、具備大部分（甚至是所有）可能需要的科技、必要的資本，也知道哪些政策最有效力。人類一定有能力克服這項挑戰。

但是，我們真正做的，卻遠遠不足。

對於氣候變遷，不論你是感覺沒什麼大不了、又或是感到痛苦及憤怒，這本書都想邀請你，共同創造全人類的未來。要相信雖然挑戰看似艱巨，但只要協力齊心，人類就擁有解決氣候變遷的能力。

而這份邀請，需要你立刻回應！

請記住兩個關鍵年份

人人心中都應該深深烙下兩個年份：2030 年，以及 2050 年。

最晚到 2050 年，而理想狀況是到 2040 年，人類向大氣排放的溫室氣體量，就不能再超過地球生態系能夠自然吸收的量。這樣的平衡，稱為**淨零碳排放**（net-zero emission）或**碳中和**（carbon neutrality）。想達到這個以科學訂出的目標，全球溫室氣體排放量在 2020 年代初期，就必須開始明顯減少，到 2030 年必須至少減少 50%。

如果我們還希望有至少 50% 的機會，能保護人類不受到最嚴重的打擊，那麼將全球排放量到 2030 年砍半，已經是必須實現的絕對最低限度。人類正處於關鍵的十年。從現在到 2030 年之間，我們的減排量將會決定在未來數百年（甚至更長久）人類的生活品質，這點絕非危言聳聽。要是到了 2030 年還無法將排放量減半，就極無可能每十年再將排放量減半、而在 2050 年達成淨零碳排放。

那已經是人類的最終底限，不能再拖了！

為什麼呢？

因為氣候變遷的影響並非線性發展。就多出那麼一點點，並不代表情況只會差上那麼一點點。地球上有些地區非常敏感，例如北極的夏季海冰、格陵蘭的冰層覆蓋、加拿大和俄羅斯的北方森林，以及亞馬遜流域的熱帶森林。幾千年來，這些地區一直讓地球維持著溫度的穩定。[2] 如果這些生態系遭到燒毀或其他破壞，全球溫度就會急劇上升，對世界造成無可挽回的損害。這可以想成是一場大災難無法控制的骨牌效應。[3]

我們今天對於能源、運輸及土地使用的決定，都會對氣候變遷造成直接且長期的影響，因為各項決定影響的是未來幾十年的排放量，累積起來就有可能讓我們永遠越過那個災難的臨界點。[4]（請參閱第 188 頁的〈附錄：臨界點〉。）一旦神燈精靈被放了出來，就不可能再把它塞回燈裡了。我們是根據最新的科學，訂出 2030 年和 2050 年這兩個里程碑，讓我們知道如果什麼都不做、或是做得不夠多，只能再苟延殘喘多久，災難就將降臨。

但也有好消息。

到目前，我們還算是勉強處於安全區，能避免最糟的情況，並且其他的長期影響也都在我們掌握之中。但想做到這點，我們就必須盡快做到應該做的事。這也會是人類歷史上最後一次的機會。

一切很快就會再也無力回天。

我們其實知道該做些什麼，也擁有所需的一切。雖然每個國家對氣候變遷各有考量，但已經有愈來愈多民眾希望自家政府正視這項問題。[5] 為了不讓孩子的未來陷入危機，我們必須讓人知道現在已經多麼緊急，又會如何影響到未來的現實。

不是環境危機，而是人類生存危機

講到「拯救地球」，想到的常常是去拯救一些具有生態特色的代表，像是北極熊、座頭鯨，或是高山冰川。一種常見的說法是：大自然正在受苦、而人類可說是共犯，所以我們應該起身行動。雖然這種觀點在許多方面也沒什麼不好，但可能會讓人覺得問題還遠在天邊，與我們的日常生活關係不大。

長久以來，人類一直把氣候變遷誤解成一種危害地球生存的環境問題。而事實是：地球不論怎樣都會繼續演化下去。地球已經演化了四十五億年，經歷過各種巨大轉變，而且演化出的環境形態多半並不適合人類生存。我們現在確實享有能夠支持人類生命的絕佳環境條件，卻忘了我們所知的這種現代文明，為時不過短短六千年。[6]

地球就是會繼續活下去。雖然形態必然有所不同，但總之就是會繼續存活。

真正的問題，其實是人類還能不能活著見證地球的存活。因此，可以說氣候變遷是所有問題的根源。

這場危機，一方面讓我們所有可能關心的議題相形見絀，一方面卻也是涵蓋了所有議題：

只要你關心**社會正義**，就該關注氣候變遷。無論在哪個國家，氣候變遷給窮人帶來的影響，都會大到不成比例；除了因為窮人常常餐風露宿、更容易受到氣候變遷的衝擊，也因為窮人比較沒有資源應付各種災難。

只要你關心**醫療保健**，就該關注氣候變遷。燃燒化石燃料，除了會排放出導致氣候變遷的溫室氣體，而且過程當中（像是燃煤用於工業加熱或發電，或是燃燒汽柴油用於交通運輸）也會放出微粒，汙染當地空氣。空氣中的汙染微粒，能夠穿過人體的防禦系統，進入呼吸系統和循環系統深處，對肺臟、心臟和大腦造成損害。它們對人體健康嚴重有害，每年有超過七百萬人死於空氣汙染。

只要你關心**經濟穩定與投資價值**，也就該關注氣候變遷。[7] 大家都知道，在全世界大多數地區，煤已經不再具有經濟價值，比不上更便宜、更清潔的再生能源（例如太陽能）。[8] 煤礦和燃煤電廠紛紛關閉，相關投資收手的趨勢也愈來愈明顯，而後續其他化石燃料也可能面臨同樣情形。[9] 世界各國央行都在評估，目前投資於這些高碳排資產的資金高達數兆美元，對總體經濟會有怎樣的風險。愈來愈多人認同的共識是，我們必須平穩但果斷的將資金轉移到清潔能源資產；長期而言，清潔能源資產更能安全保值。[10]

最後一點，也是最根本的一點：只要你關心**世代正義**，就該關注氣候變遷。而世代正義本來就是每個人都該關心的議題。要是每個人不為所應為，未來的世代將無力挽回我們搞砸的結果，我們也得背上沉重的道德責任。現在不做出那些困難的選擇，子孫後代就會被剝奪他們應有的未來。

有些人相信，人類天生就是要死到臨頭，才會對威脅做出反應。而氣候變遷所造成的威脅，已經可說是讓我們死到臨頭了。超級風暴、氣旋、野火、乾旱和洪水，在世界各地頻繁出現，已經充分證明了氣候變遷的存在。而且這些災難的發生頻率、規模和地點都還會增加。事到如今，氣候變遷已經不容我們再否認或忽視，我們不能再三心二意，必須提出足以與這項挑戰抗衡的實際行動！

第一部

兩種世界

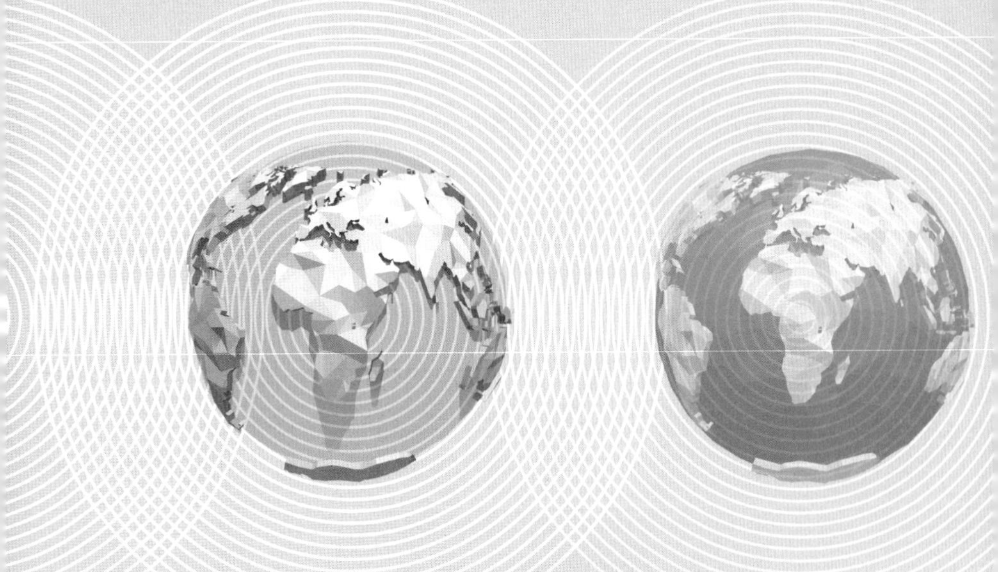

第1章

選擇我們的未來

我們自己和後代子孫要生活在怎樣的世界，

並沒有太多選擇。事實上也就是兩個選擇，

都已經列在《巴黎協定》當中。

地質年代悠長而又緩慢。至少在過去是這樣。地球歷史上曾經多次出現冰期，讓北半球各個大陸大半被巨大的冰川覆蓋，冰川緩慢擴張、而又消退。上次的冰期持續了大約二百六十萬年。接著地球氣候受到種種自然影響，極為緩慢的逐漸升溫，於是地球慢慢離開冰期，進入全新世，延續了一萬二千多年，直到二十世紀。這段時期的溫度相對穩定，平均氣溫的上下波動大約只有攝氏 1 度。[1] 氣溫、降水及海陸生態系的自然條件都來到一個甜蜜點，有利於人類的繁衍與幸福。也因為環境穩定，讓人類得以發展出大約一萬人的小型部落生活，安土重遷，開始農耕、定居，最後發展出城市，有著各種工業與機器製造的支持。於是，人類得以蓬勃發展，人口成長到目前的七十七億。[2]

在全新世，「生命創造出了有利於生命的條件」，[3] 而且人類本來可以繼續在全新世裡安然生活。但人類變了。[4]

過去五十年間，人類嚴重破壞了地球這顆「藍色彈珠」的環境完整性，也讓人類在地球上的存續大受威脅。後工業革命的生活方式，對各種自然系統造成了巨大破壞。主要由於無限制使用化石燃料與大規模砍伐森林，讓今日大氣中的溫室氣體濃度達到上次冰期以來的新高，[5] 使得全球各地的極端天氣事件不論頻率或強度都有所提升，包括洪水、熱浪、乾旱、野火和颶風。

目前，全球大約有半數熱帶林已砍伐殆盡，每年還會再減少約一千二百萬公頃。以目前的速度，大約四十年後將會消失十億公頃的熱帶林，面積相當於一整個歐洲。[6]

在過去五十年間，哺乳動物、鳥類、魚類、爬行動物和兩棲動物的族群數，平均減少了 60%。有些人認為，我們現在正在經歷所謂的第六次大滅絕。[7] 根據最新研究，所有現存物種有 12% 正遭受威脅，而一旦氣候崩潰，還會讓威脅大大加劇。[8] 在過去五十年，我們額外製造出的熱量有 90% 以上是由海洋吸收，[9] 結果就是全球有一半的珊瑚礁已經死亡，[10] 而能夠反射陽光、調節全球溫度的北極夏季海冰，也正在迅速縮小。[11] 陸地冰川的融化已經讓海平面上升了二十多公分，使得許多地下含水層出現嚴重的海水入侵，暴潮加劇，並且威脅了低海拔島嶼的生存。[12]

人類世——全新的地質年代

簡言之，在過去短短五十年間，我們已經將人類與地球從先前的全新世，帶入了人類世——這是一個新的地質年代，種種生物地質化學狀態不再由自然過程決定，而是顯然受到人類活動的影響。這是史上首次，人類成為了地球大規模氣候變遷的主要推力。[13]

目前能讀到的人類世相關研究，都會提到人類在短短五十年所造成前所未有的破壞。[14] 這些分析背後似乎認定：木已成舟，這整個地質年代的主調就會是愈來愈多的破壞。

但我們的看法極為不同。

我們認為，雖然毀滅的可能性確實愈來愈高，但還不是絕對無可避免。雖然這段人類歷史已經有了痛苦而難以抹去的開頭，但整部故事還沒寫完。這支筆仍然握在我們手中。事實上，我們比過往都更為堅定，有能力選擇寫出一篇自然與人文精神再生的故事。然而，我們必須做出這一個選擇。

講到我們自己和後代子孫要生活在怎樣的世界，我們並沒有太多選擇。事實上也就是兩個選擇，都已經列在《巴黎協定》當中，以下簡述，供讀者參考。但請先別忘記，比起工業革命前的平均溫度，我們現在已經讓地球暖化了攝氏 0.9 度。根據《巴黎協定》，所有國家應該要透過減排措施（並且每五年大幅提升減排幅度），共同努力將暖化程度控制在「遠低於攝氏 2 度」，理想上更是要低於攝氏 1.5 度（華氏 2.7 度）。

做為開始，有一百八十四個國家在 2015 年詳細列出自己將在第一個五年推出的相關措施，並且同意每五年重新審議、訂出更強有力的承諾。畢竟，第一輪的承諾只是邁出第一步，希望終有一日能達到淨零碳排放的長期目標。

我們在此提出兩種可能，而現實就會是其中之一。

第一種未來：日益惡化、無力回天的世界

照我們現在的做法，未來的世界會升溫攝氏 3 度以上（亦即比起工業革命前的平均全球氣溫，高出攝氏 3 度以上）。我們提出的第一種可能，就是繼續走在這條非常危險的路上。如果政府、

企業與個人的作為，就只停留在 2015 年的承諾，那麼到了 2100 年，全球溫度會提升至少攝氏 3.7 度。更可怕的是，如果甚至連 2015 年的承諾都未能履行，溫度更可能會提升攝氏 4 度或 5 度（請參閱第 189 頁的〈附錄：各種升溫情境〉）。

請注意，這種前景將會是一片黑暗。雖然許多最糟糕的情況可能要到本世紀下半葉才會顯現，但只要到了本世紀中葉，人類所受的苦難已經會相當嚴重，生物多樣性遭到摧毀，我們和孩子都會活在一個日益惡化、無力回天的世界。

第二種未來：大自然與人類共同繁榮的世界

至於第二種可能，則是我們必須創造的世界，設法讓升溫不超過攝氏 1.5 度（也就是比起工業革命前的平均全球氣溫，不超過攝氏 1.5 度）。雖然過去的排放已經無可挽回，但就算已經到了這種後期階段，我們還是可以努力打造一個更好的世界，讓大自然與人類家庭不但能夠存活，更能共同達到繁榮。

科學家說得再清楚不過：現在我們還有機會達成升溫不到攝氏 1.5 度的可能，但是機會正在迅速流逝。如果我們希望還能有至少 50% 的成功機會（這種成功機率本身，就已經代表了高到幾乎難以接受的風險），人類就必須在 2030 年前，將全球碳排放量減少到目前的一半，在 2040 年前再減少一半，最後在 2050 年前，達到淨零碳排放。[15]

想達成如此巨大的變化，需要我們在幾乎所有的生活領域與工作領域大刀闊斧，包括大規模復育森林，採行新農業方法、停止開採煤炭，並且在不久之後也停止開採石油與天然氣，再到停用化石燃料、甚至是停用內燃機。

本書稍後會詳細介紹究竟該做些什麼事，但就目前而言，則是必須先體認到我們確實能夠選擇自己的未來，也能夠共同創造那樣的未來。所有人類共同的責任，就是要確保「明天會更好」不只是「可能」會發生，而是「應該」會發生，成為眾人所預見的未來。

偉大的棒球選手貝拉（Yogi Berra）有一句名言，說到「預測」很難，尤其是預測未來。我們提出以上那些可能情境的時候，心裡都很清楚，要說三十年後的世界會如何，有一部分得靠想像。然而，我們所提出的兩種可能，都是以目前最先進的科學做為根據，來預測或期望，[16] 而且科學過去的預測也有許多已然成真。讀著第一種可能的時候，請不要認為這就是對未來的確切預言，而是要當成一種警告：這是我們有可能面對的情境，而現在還有改變的機會。

第2章

我們正在創造的悲慘世界

到了 2050 年，

已經有愈來愈多人談到人類物種滅絕的話題。

對許多人來說，唯一的不確定性

只剩下人類還能存活多久。

時間來到 2050 年。除了在 2015 年訂出的減排措施以外，各國並未進一步努力控制排放。於是我們即將面臨的世界，將會在 2100 年暖化超過攝氏 3 度。

烏煙瘴氣

在 2050 年，第一項讓你大感衝擊的事，就是空氣。

全球有許多地方，空氣炙熱而沉重，有時候還會充滿微粒汙染。你老是會流眼淚，咳嗽好像永遠不會停。你會想到某些亞洲國家，那裡的人本來是因為出於體貼，生病的人會戴上口罩，避免傳染給其他人。但現在，就算是健康的你也得常常戴上口罩，只為了免受空氣汙染。再也沒有什麼輕鬆走出家門呼吸新鮮空氣這種事了，你可能已經再也呼吸不到什麼新鮮空氣，而是得在每天早上打開門窗之前，先看看手機，檢查今天的空氣品質預報。就算天空看來晴朗澄澈，你也知道不能掉以輕心。而如果風暴與熱浪連袂襲來，空氣汙染嚴重、地表臭氧濃度升高，這時還想平安出門，就必須戴上經過特殊設計的口罩，但只有少數的人能買得起。[1]

相較於歐洲或美國，空氣汙染在東南亞和中非，會造成更多傷亡。[2] 在戶外工作的人愈來愈少，而且就算在室內，空氣也飄著酸味，有時讓人感到噁心。就算舊型的燃煤爐已經在十年前停用了，卻沒讓全球的空氣品質有多大改善，畢竟還是有幾百萬輛汽車、巴士，在各地繼續製造空氣汙染。有些國家嘗試使用人工降雨，希望洗去天空中的汙染，但這種做法絕不是有益無害。人工降雨技術上並不容易、也不可靠，就連最富裕的國家，也無法做到持續有效。[3] 這種做法在歐亞兩洲都造成國際衝突，原因就在於即使是最熟練的專家也無法控制降雨位置，至於酸雨對農作物與糧食供應的危害，更不在話下。[4] 結果，愈來愈多農作物必須採用溫室栽植，而且趨勢只會繼續增加。[5]

世界愈來愈熱了。根據預測，全球某些地區的溫度在接下來二十年還會升得更高，無法逆轉，也已經完全無法控制。人類製造出的二氧化碳，多年來是由海洋、森林、植物、樹木與土壤吸收了其中的半數。而現在，許多森林遭到砍伐或毀於野火，融解的永凍土也排放出溫室氣體，對早已不堪負荷的大氣來說，又是重重一擊。[6]

地球的熱度愈來愈高，五年到十年內，將有大片土地不再適合人居。我們難以預料，到了 2100 年，澳洲、北非和美國西部的居住環境將會是什麼樣貌，沒人知道這些地區的後代子孫會面對怎樣的未來。我們超越了一個又一個的臨界點，令人不禁懷疑，未來的文明形式會變成怎樣？有人說，人類會再次像是隨風撒落在大地上，一小群一小群住在一起，守著自己那一小片賴以生存的土地。[7]

每一個超越的臨界點，都帶來各種苦痛。首先是珊瑚礁的消失。還有些人記得，過去我們能夠在壯麗的珊瑚礁間潛水優游，各種形狀大小、五彩繽紛的魚兒就在我們身邊。現在，珊瑚礁已經幾近死亡殆盡。澳洲的大堡礁成了世界上最大的海上公墓。雖然有人嘗試到距離赤道更遠、水溫稍微較低的地方，進行人工養殖珊瑚，但多半都是失敗作結，無法再帶回已消失的海洋生物。全球很快將不再有任何珊瑚礁——距離那最後 10% 死去，已經只剩下幾年。[8]

大地沉淪

第二個臨界點，則是北極冰蓋的融化。由於暖化的情況在兩極比其他地區更為嚴重（高出攝氏 6 度至 8 度），北極夏季已經不再有北極海冰。雖然大多數人居住的世界與北極相距遙遠，並不會感受到在北方那片天寒地凍的地區，北極海冰是如何默默融化，但這件事的影響會很快讓人人都有著切身的感受。這場大融化（Great Melting）將會讓全球暖化進一步加劇。北極的白冰（white ice）曾經能夠將太陽帶來的熱，反射回宇宙，但現在冰蓋消融，深色的海水吸收了更多的熱量，於是海水水體膨脹擴張，海平面上升。[9]

空氣溼度增加、海面溫度提升，已經讓極端颶風與熱帶風暴數量激增。這些年來，孟加拉、墨西哥、美國等地的沿海城市都不斷面臨基礎設施慘遭破壞、極端洪水肆虐為害，成千上萬人死亡、數百萬人流離失所。而這些災難的發生頻率也愈來愈高。[10]

由於海平面上升，全世界每天都有某些地區的人必須撤離到更高的地方。每天的新聞也都會看到，有媽媽得把寶寶綁在背上、涉過洪水，原本好像只會出現在山間的急流，也猛力撕裂了許多人的房屋家園。新聞報導提到，有人因為無處可去，只能繼續留在積水到腳踝的屋子裡，床上長了黴菌，讓孩子咳個不止、喘個不停；保險公司宣布破產，於是民眾即使活過了洪水，也無力重建家園。水源汙染、海水入侵、各種徑流，都成了我們的日常。更由於許多災難可能同時發生，在遭受極端洪水侵襲的地區，可能得花上幾星期、甚至幾個月的時間，才能取得基本的食物及飲水救濟。而像是瘧疾、登革熱、霍亂、呼吸系統疾病也十分猖獗，營養不良的狀況非常普遍。[11]

2050 年，所有人都緊盯著南極西部的冰蓋。[12] 要是這個冰蓋也融解了，將向海洋放出大量淡水，可能讓全球海平面上升超過五公尺。屆時，包括邁阿密、上海、孟加拉首都達卡……這些濱海城市都將無法再居住，各大洲沿海地帶將會出現許多好似亞特蘭提斯的鬼城，摩天大樓從海面竄出，民眾不是已經疏散、就是已經死亡。

也有些人因為離不開自己這輩子的家園，只能選擇繼續居住在沿海地帶，他們面臨的威脅還不只是海面上升、洪水氾濫，而會見證到「捕魚為生」這種生活方式的消亡。隨著海洋不斷吸收二氧化碳，水質愈來愈酸，海水的 pH 值已經不利於海洋生物生存，除了少數國家，已經是幾乎所有國家都禁止捕魚，即使在國際水域也不例外。[13] 也有許多人一心認為，既然沒剩多少魚，還不把握最後機會好好享用？這種論點在全球許多地方都像是理所當然，也會應用到許多正在消失的事物上。

炙熱煉獄

海面上升確實可能造成重大毀滅，但內陸的乾旱與熱浪又會是另一個地獄。廣大地區陷入嚴重的乾旱化，有時候沙漠化也會隨之而來，[14] 野生動植物已經成為遙遠的記憶，[15] 這些土地也難以維繫人類的生命；所有水源都已乾涸。

像是摩洛哥的馬拉喀什、俄國南部的伏爾加格勒，許多這樣的城市都即將成為沙漠。至於香港、巴塞隆納、阿布達比等大城市，則是已經採用海水淡化科技多年，竭盡全力應付那些從完全乾旱的地區湧入的移民潮。

極端高溫也已經就在眼前。如果你住在巴黎，夏季高溫來到攝氏 44 度已經成了常態，而不再像三十年前一樣能成為新聞頭條。所有人躲在室內，多多補充水分，夢想著有冷氣該多好。你會躺在沙發上，用溼溼涼涼的毛巾蓋著臉，想要休息一下，又不希望想起在城市郊區還有許多可憐的農夫，忍受著不斷捲土重來的乾旱與野火，還是一心種出葡萄、橄欖或大豆；那些是為了供應給有錢人的奢侈品，與你無關。

你也不希望想起，全球最熱的地區住了足足有二十億人，這些地方全年可能有多達四十五天會猛飆到攝氏 60 度；在這樣的溫度下，人類在室外的時間不能超過六小時，否則就會失去散熱的能力。在像是印度中部這樣的地方，會愈來愈不宜人居。雖然應該會有一段時間，大家還是試著讓生活繼續，但總有一天，將使人類白天都無法在室外工作，且必須等到凌晨四點（一天當中最涼的時段）才能入睡；這時除了離開這些城鎮，實在別無選擇。人口大規模移向氣溫較低的鄉間地區，將會帶來各種難民問題、內亂問題，以及為了爭奪日益減少的水資源而出現流血衝突。[16]

全世界各地的內陸冰川迅速消失。全球有數百萬人，仍然依靠著喜馬拉雅山、阿爾卑斯山與安第斯山的冰川，調節全年的水源供應，而這些人已經進入了長期的危急狀態：冬天幾乎沒有什麼積雪會轉化成山頂皚皚的冰層了，也就無法在春夏漸進融冰。現在的狀況，要不是暴雨導致洪水氾濫，就是無雨而形成長期乾旱。從那些最脆弱而缺乏資源的社群，我們已經可以看到缺水會發生的景象：宗派暴力、大規模移民，以及死亡。

就連在美國，也有些地區為了水源而引發激烈衝突，一邊是有錢人，願意為了恣意用水而豪擲千金，另一邊則是其他人，要求能夠平等獲得這項生命的資源。於是，幾乎所有公共設施的水龍頭都上了鎖，而洗手間裡的水龍頭也得投幣使用。到了聯邦層級，國會也對水資源分配爭吵不休：那些得到水資源較少的州，希望能從水資源較豐沛的州，爭取到自認為公平的分配。這項問題已經讓政府領導者困擾多年，而隨著一個月又一個月過去，科羅拉多河與格蘭河（Rio Grande）還在不斷退縮，[17] 我們已經可以預見美墨的衝突：枯竭的孔喬斯河（Rio Conchos）與格蘭河將難以再保證為墨西哥提供水資源。[18] 在祕魯、中國、俄羅斯及許多其他國家，也都燃起了類似的爭端。

取決於你所在位置的不同，食物的生產在每個月或每一季的落差會相當大。屆時，全球處於飢餓狀態的人數要高於以往。氣候帶已經出現移轉，讓某些地區變得可以發展農業（阿拉斯加、北極），[19] 而某些地區則轉為一片乾旱（墨西哥、加州）。還有一些地區則是處於不穩定的狀態，一方面有極端高溫，二方面還得面對洪水、野火和龍捲風。於是，食物供應這件事整體而言變得十分無法預測。但有件事並未改變：只要有錢，就能有管道。隨著中國等國家停止出口、希望把資源留作己用，全球貿易已經趨緩。肆虐的災難與戰爭，也讓貿易受到阻礙。供給與需求的專橫，現在更為冷酷無情。由於食物日益稀缺，有可能變得非常昂貴。雖然收入不平等一向存在，但從未如此嚴酷而致命。

世界各地都出現了發育不良和營養不良的流行病症。整體來說，人類生育的速度已經放緩，但在糧食短缺嚴重的國家最為嚴重。嬰兒死亡率飆升，而有鑑於大規模貧窮的現況，已經可以證明國際援助在政治上行不通。擁有足夠食物的國家，將會堅持一切留作己用。

有些地區，由於無法取得小麥、稻米或高粱等基本主食，已經迎向經濟崩潰與內亂，速度之快，還要超出之前最悲觀的專家所預期。雖然科學家嘗試培育出耐旱、抗鹽分、能夠忍受溫度起伏的主食作物，但能做的畢竟有限，且就是還沒有夠多像這樣堅韌的作物得以餵飽飢餓的人口，於是導致各種食糧暴動、政變與內戰頻傳。全球最脆弱的一群人，原本就已經像是在鍋裡受盡煎熬，現在更像是被直接扔進了火裡。至於已開發國家，現在也得關閉國界、阻擋大規模湧入的移民，同樣嚐到這一切的苦果。股市崩盤、貨幣波動劇烈，歐盟也面臨解體。[20]

閉關自守

各國有多少決心要把財富與資源留在國內，就有多少決心要把移民拒於門外。大多數國家的軍隊，現在都只是高度軍事化的邊境巡邏隊。雖然他們的目標是封鎖國界，但總是會有漏洞出現；絕望的人總能找到方法。雖然這一路走來，有些國家是比其他國家更好心，但現在就連那些國家實質上也都已經關閉了國界、關起了錢包、閉起了雙眼。[21]

自從赤道帶愈來愈不宜人居，已經出現川流不息的移民潮，從中美洲一路向北，流往墨西哥和美國。也有一些人是往南邊遷移，走向智利和阿根廷。

歐洲與亞洲也出現同樣的景象。於是，這些在北邊或南邊的國家也就承受著巨大的政治壓力，得決定要歡迎這些移民、或是將他們拒於門外。有些國家雖然願意接受，但同時也訂出了幾乎像是「契約奴隸」的條件。進退維谷的移民，可能得花上好幾年的時間，才能找到遮風避雨的地方，或是定居到邊境附近形成的新難民城市。

就算已經是氣候較溫和的地區（像是加拿大與斯堪地那維亞半島），人民仍然飽受威脅。在你心裡，一定常常還是會擔心強烈的龍捲風、暴洪、野火、土石流與暴雪。根據住的地方不同，你家裡或許會有儲備充分的防風窖，車裡可能放著緊急逃生袋，又或者在房屋四周會有個寬約兩公尺的防火壕。現代人離不開天氣預報，而且也只有笨蛋會在晚上把手機關機——要是發生緊急情況，你可能只有幾分鐘能夠逃生。政府的警報系統只能說是基本配備，民眾必須擁有自己的預警設備，但可能出現各種故障和異常。至於有錢人，就能訂閱那些由民間企業提供的衛星警報系統，更能高枕無憂。

回天乏術

天氣災難本就難以避免，但關於邊境的新聞更會讓大多數人不忍卒睹。由於自殺案件激增而令人驚駭，來自政府官員的施壓力道也愈來愈高，於是新聞媒體愈來愈少報導種族屠殺、奴隸買賣與難民群病毒爆發的情事。新聞已經變得不再可信。已有很長的一段時間，只有社群媒體上能夠看到災難的現場直播和報導，但其中也摻雜著各種陰謀論以及偽造的影片。

整體看來，新聞媒體似乎在某些人控制之下，莫名開始扭曲現實，杜撰出一整套假正面的敘事。

確實，在情況還穩定的國家，國民似乎都還很安全；但他們的心理負擔也正在加重。每次我們又有一個臨界點被超越，他們也會感覺希望正從指縫流逝，似乎再無機會阻止地球暖化失控，而且毫無疑問，我們正在緩慢而肯定的走向某種崩潰。

問題還不只是太熱而已。永凍土融化之後，還會釋放出古老的微生物；當代人類從未接觸過這些微生物，也就毫無抵抗力。[22]而隨著氣候暖化，蚊子和蝨子繁衍猖獗，開始擴張到地球上原本安全的地區，使得相關疾病蔓延開來，令人類難以承擔。更麻煩的是，隨著人類集中到適宜人居的地區，人口密度增加、氣溫也持續升高，更會加劇細菌對抗生素的抗藥性，使得這場公衛危機日益提升。[23]

2050 年，已經有愈來愈多人談到人類物種滅絕的話題。對許多人來說，唯一的不確定性只剩下人類還能存活多久、還有多少世代能看到明日的陽光。面對這種普遍的絕望情緒，最明顯的表現就是自殺，但也還有其他跡象：感受到無盡的失落、難以忍受的內疚，以及對過去世代的強烈憎惡，認為他們沒有做好該做的事，才讓這場巨大災難再也無可阻擋。

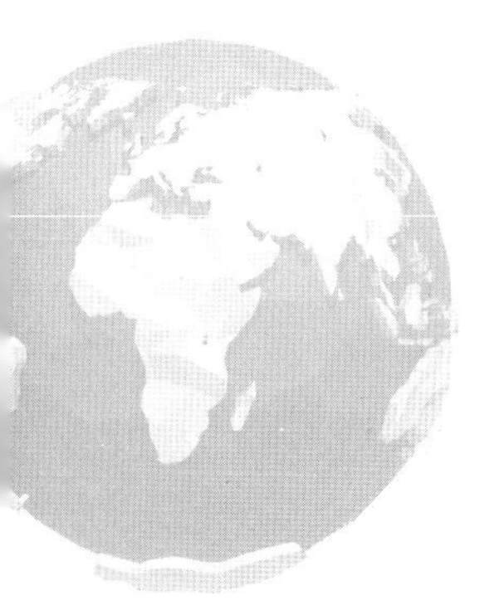

第3章

我們必須創造的綠色世界

所有公民、企業與政府終於齊心協力，

共同堅持一項新的價值重點：

「自己的獲利，是否也對人類整體有利？」

時間來到 2050 年。自從 2020 年以來，人類成功每過十年就將碳排放量減半，目標是到了 2100 年時，地球暖化不超過攝氏 1.5 度。

綠意城市

2050 年，在地球大多數地方，就算是人口密集的大城市裡，空氣也是溼潤而新鮮，彷彿漫步在森林裡；而且你還有可能真是身處森林之中。這時地球上的空氣，已經比工業革命前更乾淨。

為此，我們要感謝樹木。

這時，樹木已經遍布地球各地。[1] 雖然光是種樹並不夠，但有了更多樹木，就為人類爭取到更多時間來達成淨零碳排放。過去三十年，靠著企業與民眾的捐款，推動了史上最大規模的植樹運動。一開始，植樹純粹就是為了它的實際影響：能夠改變碳的存在位置，藉以對抗氣候變遷。樹木會吸收空氣中的二氧化碳，釋放出氧氣，並讓碳再次回到土壤中。這當然有助於減少氣候變遷的程度，但好處還不僅如此。讓地球重新成為一顆綠色星球，生活在其中，在各種感官層面上都令人感到煥然一新。特別是在城市裡，過去城市從來不是多好的生活環境，但現在樹多了、車少了，就可以收回許多道路面積，用於都市農業與兒童遊樂。所有的閒置空地、骯髒的無人小巷，都改造成了樹木亭亭如蓋的小森林。所有的屋頂，都改建成了菜園或花園。那些連窗子都破了的廢墟，曾經牆上滿是張牙舞爪的塗鴉，現在已經爬滿一片青翠的藤蔓。

在西班牙的綠化運動，一開始是為了應對氣溫上升。由於緯度的關係，馬德里可說是歐洲最乾旱的城市。現在馬德里嚴格控制碳排放，但這座城市曾經面臨沙漠化的風險，當時由於都市的熱島效應（因為建築物蓄熱，而深色的鋪面也會吸收陽光），讓這座擁有六百萬人的都市，氣溫比起幾公里外的鄉村，就是高上了幾度。此外，空氣汙染讓早產的發生率提高，[2] 心血管與呼吸系統疾病也提升了死亡率。隨著登革熱和瘧疾等亞熱帶疾病步步進逼，醫療保健系統已經達到緊繃，終於讓政府與民間齊心協力面對問題。於是，馬德里煞費苦心，減少車輛數量，並在整個城市周圍建立一條綠帶，協助城市降溫、供氧、過濾汙染。廣場鋪面改用孔隙材料，以蒐集雨水；所有黑色的屋頂都改漆成白色；植物無處不在。植物能夠吸收噪音、提供氧氣、為南面的牆壁遮陽、為人行道提供遮蔭，還能釋放出水蒸氣。這一切苦心帶來豐碩的成果，複製到全世界各地。而隨著相關專業令馬德里站上新產業的尖端地位，這座城市的經濟也一飛衝天。

大多數城市已發現，如果城市的溫度比較低，生活水準就會比較高。雖然城市裡還是有貧民區，但大致上說來，本來是為了應對暖化而種下的樹木，也讓城市整體變得更為宜人。

想解決氣候變遷這個困難的謎團，一方面需要重新想像、重新建構「城市」的概念，但另一方面還必須採取進一步的行動，也就是全球的**復野**（rewilding），而且不能只在城市以內而已。這時候，全球的森林覆蓋率已然達到 50%，農業也發展成為以樹木為基礎。[3] 於是，城鄉邊界開始變得模糊，而這其實是件好事。似乎沒人會懷念過去那些一望無際的平原、大片種植的單一作物。現在我們享有的，是各種堅果與水果的果園綠葉成蔭，在林地之間散布著放牧區與可能綿延數公里的公園綠地，對於那些終於重新出現的授粉動物來說，就是一大片新的天堂避風港。[4]

綠色能源

2050 年，已有 75% 的人口住在城市裡。幸運的是，內陸已經有了新的電力鐵路縱橫交錯，擔起交通重責。在美國，絕大多數的國內航線已經由東西兩岸的高鐵網路取代，過往的亞特蘭大和芝加哥兩大航空樞紐地位不再。此時為了提升燃油效率，飛機的航速變慢，有時候搭高鐵反而能更快抵達目的地，而且不用擔心碳排放的問題。[5]

美國列車計畫（U.S. Train Initiative）是一項巨大的公共建設，帶動長達十年的經濟發展。過去綿延無際的州際公路已由新的火車交通系統取代，創造了幾百萬個工作：火車科技專家、工程師、建築工人，設計並興建高架鐵路，以避開洪泛區。由於這項重大建設，讓許多因為化石燃料經濟日薄西山而失業的勞工，重獲新生，能夠接受再教育和再培訓，重返工作崗位。此外，這也帶來新的**氣候經濟**，令新一代勞工格外振奮、感受創新。

與此龐大公共工程建設同時，各方也愈來愈有信心，進行著一場駕馭再生能源的競賽。要讓社會逐漸轉為淨零碳排放，一項重要措施就在於使用電力。要達到這項目標，除了得全面翻新現有基礎設施，架構上也需要調整。就某些方面而言，事情已經證明，要打破傳統電網、讓電力供應從集中走向分散，並不是太困難的事。我們不再燃燒化石燃料，有些國家能夠負擔昂貴的核能科技，[6] 所以有部分電力來自核能；但現在的能源多半是來自再生能源，像是風能、太陽能、地熱能，以及水能。所有房屋與建築都有發電功能——每個可用的表面都使用太陽能塗料，裡面有幾百萬個奈米粒子，能夠從陽光取得能量，[7] 而每個風大的地點，也都設置了風力發電裝置。要是你住的地方陽光特別充足，又或是住在風大的小山丘上，有可能發電量還會超過用電量，這時多出來的電就會直接流回智慧電網。由於無需燃燒的成本，這時的能源基本上就是免費。電力比過往都更為豐沛，運用效率也更高。

運用智慧科技，就能自動關閉未使用的電器與設備，避免不必要的能源消耗。整個系統的效率有所提升之後，也就代表除了極少數的例外，我們的生活品質並不會受到損害。就許多方面而言，情況都更好了。

對已開發國家來說，像這樣大規模、廣泛改採再生能源，常常就需要升級舊設備、改用新方法，有時候並不會令人太開心。但對於開發中國家來說，就像是迎來了新時代的曙光。這些國家在經濟成長和脫貧過程所打造的基礎建設，大多數都已經符合低碳排、高韌性的新標準。在偏遠地區，有大約十億人口在二十一世紀初還無電可用，但現在已經能用自家屋頂的太陽能模組或是社區的風力微型電網來發電。新的電力，為更美好的未來打開了大門。社會整體在環境衛生、教育和醫療保健方面，都有了大大的躍進。過去無力取得乾淨水源的人，現在家裡可以有清潔的用水。孩子現在晚上也能讀書，而且就算在偏遠地區，也能開起有效的醫療診所。

永續社區

全世界的住宅與建築都走向自給自足——不只是電力而已。舉例來說，現在所有建築都會蒐集雨水，對用水進行管控。而有了再生能源，就能夠推動地區性的水源淡化，代表在全球任何角落都能依照需求，製造出清潔的飲用水。淡化後的水源，也能用來水耕、沖馬桶、淋浴。[8] 整體而言，也就是我們已經成功將人類的生活重建、重組、重新架構，能夠以更本地化的方式來生活。雖然能源價格已經大幅下降，但我們還是寧願在當地工作，而非長途通勤。由於網路讓聯絡更加方便，許多人也能在家工作，於是生活作息更有彈性，也有更多屬於自己的時間。

社群也變得更健全了。過去對於生活在美國的小孩來說，可能只有在鄰居走在路上的時候，會見到這個人。但到了現在，為了讓一切更便宜、清潔、永續，生活中的許多層面都已經走向了本地化。於是，就連過去常個別作業的事，現在也可能由眾人合作，像是種菜、堆肥，以及蒐集雨水。各種的資源和責任都走向由眾人來分攤。一開始，你可能還是習慣萬事待在家裡自己來，所以抗拒這種什麼都要「一起」的感覺。但很快的，這種同舟共濟的感覺，加上交到一些意想不到的新朋友、打造出新的人際網路，開始讓你喜歡並珍惜這種感覺。對於大多數人來說，這種新的生活方式或許更能帶來快樂幸福。

食物的生產與採購，正是這種共同努力的重要事項之一。我們發現工業化農業需要改革之後，就迅速轉化為**再生農業**，開始混合各種多年生作物，採用可永續的放牧方式，改善了大型農場的作物輪作方法，也增加社群對小型農場的依賴。[9] 現在我們不再到大型超市購買由幾百公里、甚至幾千公里外空運來的食物。多數食物都是從地方小農或當地生產者那裡購買。每棟建築物、每個社區、甚至是某些大家族，就能組成一個食物採購團，而這也是大多數人現在會購買食物的方式。採購團會登記請小農每星期集中一次送菜，再由採購團統一分發到各個成員手中。人人都得負起分發、協調和管理的責任，也就代表著你可能這星期和樓下鄰居合作發菜，下星期則改成和樓上的鄰居搭檔。

雖然這種著重地方社群的方式，能讓食物生產更為永續，但食物仍然很昂貴，可能會占到高達 30% 的家庭預算；因此，自己種菜也就成了一種必要。[10] 不論是在社區的庭園、屋頂、學校，甚至是陽臺上的綠色植生牆上，有時候似乎到處都會種植食物。

自己種菜讓我們意識到，食物之所以昂貴，是因為食物本來就應該要很昂貴。畢竟，種植食物需要各種寶貴的資源：水、土壤、血汗、時間。[11] 也因此，最耗資源的食物（動物蛋白質與乳製品），已經幾乎從我們的日常飲食中消失。[12] 然而，因為以植物為基礎的替代品實在太優秀，大多數人根本不會注意到肉類和乳製品不見了。大多數的小小孩，根本不敢相信過去曾經為了食物而屠殺任何動物。雖然市場上還是買得到魚，但都是養殖魚，而且養殖管理也因為科技進步而有明顯改進。[13]

我們已經能對垃圾食物做出更明智的選擇，讓日常飲食愈來愈少見到它們的蹤跡。政府對加工肉品、糖和高脂肪食品課稅，也有助於讓我們減少農業生產的碳排放。得益最大的，則是人類整體的健康。由於得到癌症、心臟病和中風的人數減少，人類壽命更長，但世界各地的醫療服務卻是愈來愈便宜。事實上，要應對氣候變遷的大部分經費，正是來自政府在公共衛生所省下的開支。[14]

電動車取代燃油車

醫療保健支出高到不合理的情形已成過去，而汽柴油車也成明日黃花。大多數國家在 2030 年就已經禁止再製造汽車，[15] 但還要再花上十五年，才真正讓內燃機從道路上消失。屆時，汽柴油車只會出現在交通博物館裡、或是特別的集會上，這些老爺車的車主得付一筆碳中和費，才能在車道上開個幾公里。當然，一開始這些車都是由大型的電動貨車，把它們載進會場。

講到車輛從用油到用電的轉換，某些國家的腳步就是比別人更快。像是科技大國挪威、或是對自行車友善的荷蘭，都得以更早淘汰了汽車。也不意外，美國的這條路走得最為艱難。淘汰汽車的第一步是開始限制銷售，接著城市開始有部分地區禁止車輛進入，也就是所謂的超低碳排區（ultra low emission zone, ULEZ）。[16] 同時，電動車的電池蓄電能力取得突破，[17] 尋得替代性製造材料之後，也讓電動車成本再降低；而且，所有的充電與停車位基礎設施進行了全面翻新，[18] 讓民眾更容易為自己的電動車取得便宜的電源供應。

更好的消息是，汽車電池已經和電網雙向連接，既能從電網接收電力，也能在非行駛期間為電網供電。對於使用再生能源的智慧電網來說，這等於是一項重要支援。

電動車的普及和便捷，確實是優點，但到頭來，電動車得以推廣，真正的原因在於電動車已能夠滿足我們對速度的渴望。[19] 理論上，想戒掉一個壞習慣，就得用另一個更好、或至少是更讓人開心的習慣來取代。

電動車的製造剛開始是由中國主宰全局，但美國企業所推出的電動車款，受歡迎程度很快就衝上新高。某些老爺車甚至是進行改裝，從原本的內燃機引擎改為電動引擎，時速從 0 加速到 60

英里（約 96 公里）只需 3.5 秒。[20] 說也奇怪，我們竟然花了這麼久的時間，才意識到電動馬達本來就是車輛動力的更好選擇，不僅扭力更大、速度更快，能夠在煞車的時候回收一些能量，而且所需的維修也大幅降低。

隨著人口從鄉間移向城市，甚至就連對電動車的需求也減少了。[21] 在城市裡，各種交通方式能夠無縫接軌，要四處移動再方便不過。要搭電動火車或捷運的時候，不用再全身上下尋找感應卡，也不用再排隊買票；系統會自動追蹤你的所在位置，知道你在哪裡上下車，自動從帳戶扣款。

另外，共享汽車也成了想都不用想的習慣。曾有一度，各城市在交通上的最大難題，正是如何針對無人駕駛的共享汽車加以規範並確保安全。一直以來的目標就是希望各主要都會區在 2050 年已經沒有任何私人車輛。[22] 雖然這項目標尚未達成，但也正在朝這個方向邁進。

我們也減少了道路交通的需求。3D 列印的技術已經十分成熟方便，減少了出門購物的需求。[23] 而在各個空中廊道，也可以看到無人機井然有序，飛來飛去送貨，又進一步減少了對車輛的需求。[24] 因此，都市逐漸將道路縮窄、減少停車位，所推動的城市規畫方案則是要讓步行與騎自行車更方便。停車場的目的只是為了共乘上下車，以及電動車的充電與停放；過去醜陋的水泥停車場大樓，現在也都有濃濃的綠意覆蓋。現在的城市設計，可以感受到是為了讓人與大自然共存。

國際航空旅行的型態已經大不相同。過去航空使用的噴射機燃料已經由生質燃料取代。而且通訊科技大有進展，幾乎不用再搭飛機出差，就能用虛擬方式參加在世界各地的會議。雖然飛機並未淘汰，但使用的頻率降低許多，而且票價極度昂貴。

也因為工作型態愈來愈去中心化、可以在任何地點處理，民眾開始改採**慢度假**（slow-cation），也就是一趟國際旅行會花上幾星期、甚至幾個月，而不是短短幾天而已。如果你住在美國，想去歐洲看看，就可能會打算在歐洲待幾個月以上，使用當地零碳排的交通工具，來橫越整片歐洲大陸。[25]

氣候難民問題將有解決方案

我們或許已經成功減少了碳排放，但在過去人類讓大氣二氧化碳含量創下新高之後，餘波依然蕩漾。溫室氣體會長時間存在大氣之中，而且雖然大氣中的溫室氣體濃度已經如此高，但溫室氣體除了大氣並無處可去，於是在 2050 年仍然會引發日益極端的天氣狀況。只不過，要是我們還在燃燒化石燃料，這時的天氣狀況還可能更加極端。

冰川和北極海冰仍在融化，海平面仍在上升。美國西部、地中海與中國部分地區仍然有嚴重的乾旱和沙漠化情形。由於極端天氣與資源惡化消耗仍在持續，讓現在種種收入、公共衛生、糧食安全與水源供應方面的貧富差距繼續擴大。然而各國政府已經意識到，氣候變遷正是讓差距倍增的因素。認識到這點，就能讓我們預測接下來可能發生的問題，並在這些問題演變成人道危機之前加以解決。[26] 因此，雖然每天仍然有人陷於險境，但已經不像過去那樣激烈或混亂。[27] 開發中國家經濟強勁，全球意外形成聯盟，也培養出新的信任感。現在如果有某群人需要協助，政界會有意願、也有資源來滿足相關需求。

難民問題幾十年來不斷升溫，至今仍是各種衝突與不和的主要來源。但大約十五年前（2035 年），難民問題已經不再被稱為危機。各國有了處理難民潮的共同指導方針：如何順利接收難民，如何分配各項援助與資源，以及在特定地區內如何分配各種權利義務。大多時候，這些共同方針都能運作順暢，但也有時候，某些國家在一兩次選舉期間，短暫與法西斯主義眉來眼去，情況也會一時稍有動盪。

科技與商業部門也跟上腳步，緊抓各種政府合約商機。原因就在於政府必須採用大規模的解決方案，為這些剛剛失去家園的難民分派食物、提供住宿。像是某家公司就發明了一種巨型機器人，只要幾天，就能自動蓋出一間能供四人居住的房子。[28] 這得歸功於自動化和 3D 列印，終於能夠迅速、低成本的替難民蓋出高品質的住房。而民間部門也在水源輸配技術與衛生解決方案有所創新。在帳篷城市（tent city）與住房短缺都減少之後，霍亂、瘧疾等等傳染病的發生也會減少。

互助合作的地球村

現在每個人都知道，全人類就是生死與共。某項災難在某個國家發生，可能幾年後就會在另一個國家發生。我們花了一段時間才想通：要是我們能在今天找出辦法，拯救太平洋島國不受海平面上升的影響，就有可能在五年後，找到辦法來拯救鹿特丹。

對於任何一個國家來說，將資源不遺餘力用來解決全球其他地方的現有問題，到頭來也會對自己有利。一方面，為氣候問題找出創新的解決方式，在自己幾年後可能用到之前，還能先在其他地方試用看看，這種做法豈不是再聰明不過？另一方面，這也是在培養善意——這樣等到自己需要協助的時候，才可能有人伸出援手。

整個時代精神已經大不相同，而我們對世界的看法也有了深刻的改變。令人沒想到的是，我們對彼此的感受也不一樣了。

在 2020 年，可說大部分要歸功於青年運動的浪潮，敲響了氣候的警鐘，讓人類意識到自己太多的消費、競爭與貪婪自私，終將付出沉重的代價。過去對消費主義的承諾、加上對利益與地位的追求，讓人類對環境進行毀滅式的輾壓。人類這個物種可說是全面失控，讓世界幾乎崩潰。原本有可能，在地球物理層面，人類將再也不可能看到任何的再生、協作與社群，全面毀滅已經就在眼前。

要不是我們懸崖勒馬、改變心態與進行優先事項，要不是我們終於認清，**要對人類好，就得對地球好**，我們原本已無法擺脫自我毀滅的結局。最根本的一項變化，就是所有公民、企業與政府終於齊心協力，共同堅持一項新的價值重點：「自己的獲利，是否也對人類整體有利？」

二十一世紀初的氣候變遷危機，讓人類大受震驚。而在我們努力重建、維護環境的過程中，也就自然而然開始更關心彼此。人類意識到，比起拯救人民免受極端天氣影響，遠遠更重要的是人類這個物種能否永續，而重點就在於：除了要好好照顧這片土地，也要好好照顧彼此。

我們剛開始為了人類的命運而戰時，想的只是自己這種物種的生存，但到了某個時間點之後，就意識到這遠遠不只是我們人類的命運而已。人類原本就屬於地球的生命社群，而氣候危機讓人類變得更為成熟，不但有能力恢復生態系，更能發揮自己各種的潛力與遠見。

要說人類已經迎來末日，前提是我們都已經這麼相信了。而如果我們要真正為後人做點什麼，便是要消除掉這種信念。

第二部

三種心態

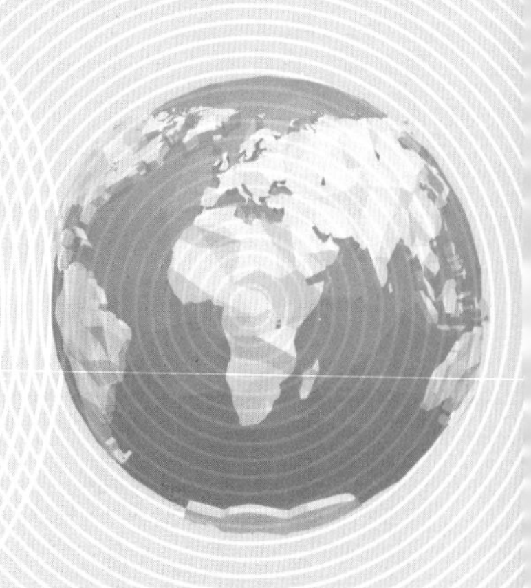

第4章

我們選擇成為怎樣的人

從失敗主義走向樂觀主義、
從榨取資源走向再生資源、
從線性經濟走向循環經濟、
從個人利益走向共同利益，
從短期思維轉向長期思維與行動。

我們的未來，都還在未定之數，端看我們現在選擇成為怎樣的人。

執行《巴黎協定》的過程讓我們瞭解，面對挑戰的時候，如果無法控制全局（通常都是這樣），而你又希望發揮自己最大的影響力，就該改變自己在環境中的作為，讓自己成為整體改變的催化劑。打算處理某項任務的時候，我們常常太急著思考該怎麼「做」，卻忽略了「人」的因素：我們自己、或是其他個人，有什麼特別可以貢獻的地方？而我們能帶來貢獻的一大重點，就是自己的心態。

讓自己成為改變的起點

印度聖雄甘地提醒我們：要成為那個自己希望看到的改變。

我們面對事情會有怎樣的行動，在很大程度上取決於我們過去培養出的心態。情況已如此危急，還要你先反觀自己的內心，乍聽可能覺得違反直覺，但這點實在非常重要。

想要改變的時候，如果心態還是和過去相同，進步的方式與幅度都會受限。要打開更大的改變空間，就必須改變思維，從根本上改變對自己的看法。畢竟，如果說未來幾個世紀的人類生活品質正危在旦夕，難道還不值得讓我們好好思考自己的根本？

矛盾的是，雖然是要追求系統性的改變，但需要的卻是個人發自內心的努力。不論是社會或經濟的結構，其實都是由個人的思維方式打造而成。

舉例來說，目前經濟運作的基礎，需要我們相信資源可以無限開採、無須擔心使用效率、可以恣意拋棄，我們用掉的資源大過於地球能再生的資源，造成的汙染也超過能夠清理的數量。慢慢的，我們就發展出一種極度剝削的價值觀，成了我們行動的基礎。

這樣的做法已經不能再繼續。

自然科學家已經提出充分的證據，證明我們在幾個面向都已經達到了地球的極限；超過這些極限，地球的生物系統就無法再維繫生命了。很快的，我們就再沒剩下什麼能夠剝削利用了。對於我們該做的事，憂心忡忡的社會科學家說得很清楚：我們必須走向**再生型經濟**（regenerative economy），與大自然和諧相處，重新利用各種用過的資源、減少浪費，並重新補充即將耗盡的資源。大自然其實就是最終極的資源再生者暨回收者，而我們也必須回歸到她與生俱來的這種智慧。

另一件比較少人知道、但同樣重要的事實，在於現在這種個人主義的競爭方式也已經走到極限。長期以來，西方社會一直傾向將自身利益看得比整體福祉更為重要。我們需要更瞭解自己、更瞭解自己與他人的關係，當然也更需要瞭解我們和其他令人類得以生存的系統之間的關係。

我們當下面臨的危機，需要我們在觀念上有徹底的轉變。如果希望人類能夠持續繁榮興盛，就必須瞭解自己其實與大自然的一切都密不可分，要用一種深刻而長久的經營意識來打造未來。這種轉變要從個人開始。我們是怎樣的人、處世態度又如何，就會影響我們如何與他人合作、怎樣和周遭互動，最後也就會影響我們所打造的未來。

厚植三種根本心態

我們認為，如果要共同創造更美好的世界，有三種心態就是根本。為求聳動，我們分別把這些心態稱為**固執的樂觀**、**無窮的豐饒**，以及**根本的再生**。這些心態並不是什麼新鮮事，歷史上已經有許多出色的人物可為標竿，但如果要打造出我們理想的未來，就需要讓這些心態普及到民眾之間。這些心態其實都是人類與生俱來的特性（無論對個人或集體而言），是我們能在日常行事當中喚醒、培養與發展的價值觀。

我們說要在意識和態度上有所轉變，可能會讓某些人覺得講得太浮誇，但也有另外某些人覺得這種程度還不夠。可是在我們所生存的這個時代，正是愈來愈意識到自己內外世界的連結。正如作家喬安娜・梅西（Joanna Macy）所言：「在過去，會認為『改變自己』和『改變世界』是兩件不同的事，而且彷彿只能兩者擇一。但情況已經不同了。」[1] 種種科學知識與心靈見解正逐漸達到共識，發現人類與大自然之間就是有著相互的連結。

這三種心態不僅自身就能帶來改變的力量，也會因為它們所指出的方向而促成改變。我們常常依戀各種形式的生活現狀（人際關係、工作、家庭等），於是欺騙了自己，以為這些現狀就是永恆不變。但事實上，萬物皆非永恆；不論我們多想維持不變、緊抓著那些流逝的瞬間，事事物物仍然繼續改變。而如果想要得到所希望的變化，就永遠需要抓住自己想要的方向。

我們所刻意選定的新方向，必須能讓我們從失敗主義走向樂觀主義、從榨取資源走向再生資源、從線性經濟走向循環經濟、從個人利益走向共同利益，並且從短期思維轉向長期思維與行動。培養這三種心態，我們的生活與世界就能擁有更清晰、更強大的方向，奠定必要的基礎，讓我們共同打造出那個我們所希望的世界。

第5章

固執的樂觀

真正讓我們熬過漫漫長夜與多年努力、
終於建立起《巴黎協定》的關鍵，
並不只是一般的樂觀，
而是在面對最艱巨任務時所必須的特殊類型：
一種固執的樂觀。

二千五百年前的悉達多太子（Siddhartha Gautama），也就是後來的佛陀（釋迦牟尼），已經瞭解什麼叫做樂觀。他有多次表示，心智的光明既是成佛之道的最後目標、但也是必要的第一步。唯有光明的心智能讓你前行；沒有這樣的心智，就無法有所進展。

佛陀也瞭解，我們並不是被動受態度影響，而是主動創造出自己的態度。神經科學現在已經證實了這一點。不論我們天生是傾向樂觀或悲觀，都沒關係。站在歷史的這個時點，我們有責任去做必要的事，而對我們大多數人而言，也就代表需要刻意重新打造自己的心智。

心理學研究顯示，想要改變態度，首先要找出自己的思維模式，接著就是刻意培養出更具建設性的方法。實際上也就是必須能夠意識到這些模式、找出自己下意識的假設，並且在這些模式或假設不符所需的時候，提出質疑。[1]

改變你的制式反應

這件事並不複雜，但也並不容易。基本上，對於周遭不利於自己的事情，我們都會有內建的反應方式。不論是讀到最新關於氣候變遷的警訊、又或是錯過想搭的公車，面對生活中的各種現象，我們都已經在生命中學會了一套制式的反應方式，決定了我們對特定情境有何反應。而講到氣候變遷，大多數人學會的反應方式就是感到無助。我們看到了世界在前進的方向，而我們也就舉雙手投降，心想：沒錯，事情真的很糟，但整件事實在太複雜、太龐大、太勢不可擋，我們就是無能為力。

然而，我們學會的這種反應非但並非事實，更是一種從根本上的不負責任。如果你真的想要盡一份力來應對氣候變遷，就必須再教導自己另一種應對方式。

你絕對做得到。你就是能夠改變自己所注意的重點，而且這樣的改變能帶來的效果，也必然會令你大吃一驚。你並不需要提出所有的解答，當然也不需要去逃避事實。面對艱困的現實，請你要讓自己看得更清楚，並且知道自己有多麼幸運，活在一個能夠為地球所有生命扭轉乾坤的時代。

你絕非無能為力。事實上，你的一舉一動都充滿意義，你也將會共同寫下人類史上最偉大的篇章。請讓這點成為你心裡的真言。在面對挑戰的時候，注意自己的心是否還比嘴硬，說自己無能為力，接著就請拒絕這種想法。先注意到自己的想法，再駁斥自己這樣的想法。不用多久，就能讓你的思維模式有所改變。

如果心裡覺得現在做什麼都已經太晚，別忘記溫度光是上升個幾分之幾度，都會造成極大的不同，所以只要能減少任何一點碳排放，都有助於減輕未來的負擔。

如果心裡覺得自己對大局無能為力、最好只看那些自己能夠直接影響的事；別忘記，這是要應對整個世代共同的挑戰，這件事本身就該能夠激勵人心，讓你的生命充滿意義與連結。

如果心裡覺得世界不可能減少對化石燃料的依賴，別忘記英國已經有超過 50% 的能源屬於清潔能源，[2] 哥斯大黎加更是高達 100%；[3] 美國加州也已有相關計畫，等到今天還在學走路的小孩大學畢業那年，包括所有小型車和貨車在內，都要 100% 使用清潔能源。[4]

如果心裡覺得，一切問題就是政治崩壞，我們無能為力、怎樣做都只是徒勞；別忘記政治仍然會回應大眾的觀點，人類在歷史上早就屢屢克服種種難關、讓政治改頭換面。

而如果心裡覺得，自己就只是一個人，渺小無力，又何必白費功夫；別忘記臨界點並非線性發展，我們並不知道究竟是什麼會引發轉變，但知道總有一天系統會發生變化，所有微小的動作累積起來，就成了一個新世界。每次你做出個人選擇，願意當個負責的人、照顧這顆美麗的地球，都是在為最後的重大轉變盡一份力。

培養樂觀的態度

你或許並沒有宗教信仰或心靈上的特定依歸，但可以想想那些中世紀的石匠。他們蓋出了許許多多雄偉的大教堂，而裡面的每一位，都有可能因為想到光靠自己絕不可能蓋完整座大教堂，於是選擇丟下工具而放棄。但他們沒有這麼做，而是耐心且仔細的面對自己手上的這一小份工作，知道自己是整項壯舉之中的一部分，知道這項壯舉到頭來將會為世世代代的心靈，提供慰藉與鼓勵。這就是「樂觀」！培養樂觀的態度不但是人類故事往前推進的關鍵一步，更能讓我們今日的生活也有所改善。

關於樂觀，瓦茨拉夫・哈維爾（Václav Havel，劇作家，曾擔任捷克總統）說得好，這是「心靈的狀態，而不是世界的狀態」。[5] 一般認為，要讓樂觀真正能夠帶來變革，必須具備三項特徵：願意超越眼前的視野、願意接受最終結果的不確定性，以及願意許下由這種心態所培養出的承諾。

想當個樂觀的人，你必須先能夠接受各種壞消息，不論是在科學報告、新聞、推特、或是和家人吃飯的談話裡，都有太多消息唱衰著目前的發展。而接下來的一步更為困難（但也是任何程度的改變所必需），就是要在承認這一切壞消息之後，仍然能夠看到一個不同的未來，並且已經看到那個不同的未來正在漸漸發生。雖然不否認那些壞消息，但你必須多去注意與氣候變遷有關的所有好消息，像是再生能源的價格不斷下降、有愈來愈多國家許諾在 2050 年以前達成淨零碳排放的目標、許多城市已經禁止使用內燃機引擎，而且也有愈來愈多資金從舊經濟流向新經濟。這一切好消息都還未能達到必要的規模，但都已經正在發生。所謂的樂觀，就是能夠刻意看出那個期望的未來，並且要求達到這樣的未來，好積極讓這樣的未來離我們更近。

想堅持做某件事的時候，比起用「因為這是好事」來當成原因，還不如說「因為這件事一定會成功」來當作動力，不論現在成功的機會究竟是高是低。

目前所有用來應對氣候變遷的方法，都還需要再改進，沒有任何一項能夠保證最後肯定成功。

我們並不知道哪種再生能源能夠成為能源主流（甚至不知道是否有這種可能），又或是能迅速擴大規模。電動車電池的種種問題（重量、成本、回收）仍有待解決，充電站的設置需要大量擴張才能成功，種種金融工具也需要更有效管控新科技的風險。至於新的市場模式，也可能讓房屋與車輛從過去的單獨擁有，走向多人共享，只不過這些模式不但還有待推廣，也還有法規問題需要解決。

看到更寬廣的未來之後，就會發現：我們對於種種的不確定性只能泰然處之，否則只會讓自己困在已知的過去當中。你必須願意冒著犯錯、延誤和失望的風險，否則在面對終極危機時，你手中將只有極少數經過反覆證實有效的應變方式。

一旦你意識到，人類過去的習慣、作風與科技只會帶來生態滅絕與人類的苦難，「樂觀」的心態還會變得更重要。樂觀看待現實，代表著意識到另一種未來只是「可能」而非「絕對」。面對氣候變遷，所有人之所以必須樂觀，並不是因為我們絕對會成功，而是因為失敗的結果將會慘烈到不堪想像。

樂觀能讓人感到有力量，讓人渴望參與、貢獻、推動改變；能讓人一早就迫不及待跳下床，想面對充滿希望的挑戰。樂觀也能讓你看到目前的新興發展，並且想要成為其中積極的一份子。作家雷貝嘉・索爾尼（Rebecca Solnit）說得好：「『希望』就是一把斧頭，能讓你在危急的時候砍門開路……『希望』該逼你走出門外，因為你要付出現有的一切，才能讓未來走上另一條路，避免陷入無盡的戰亂、避免地球的資源耗盡、避免窮人弱勢繼續遭到欺壓……抱著希望，就是把自己交到未來手中，為未來所用，而正是這樣的承諾，讓眼前的世界得以安居。」[6]

換言之，樂觀的力量能讓我們打造一個新的現實。

記取哥本哈根會議失敗的教訓

所謂的樂觀，並不是設定目標而完成任務後的結果。那只是在慶功。所謂樂觀，是為了應對挑戰所必須的態度。

所謂樂觀，是堅定相信我們能夠解決重大挑戰，是要選擇努力不懈，使當下的現實變得更美好。

所謂樂觀，是要透過每項決定與行動，積極證明我們有能力擘畫更美好的未來。

身處於幽暗的阿拉巴馬州監獄，無論前途看來多麼慘淡無光，金恩博士（Martin Luther King, Jr.）還是不斷呼告，希望實現那個深植於他心中的夢想。史上許多名人都曾經這麼做：美國前總統甘迺迪拒絕相信核戰無可避免；甘地親身走向海岸，發動食鹽長征。

在這些案例中，都是有個靈魂人物，相信可能會有更美好的世界，並且願意為之奮鬥。他們並未無視種種指出情況艱困的證據，也未以謊言包裝現實。他們只是用強大的信念來面對現實；無論當時看來多麼異想天開，但他們就是相信改變有可能發生。

在促成 2015 年《巴黎協定》的過程中，我們深刻體會了樂觀對於推動改變有多麼重要。菲格雷斯接手負責 2010 年聯合國年度氣候談判的時候，2009 年哥本哈根談判會議破局的影響仍然餘波蕩漾。

哥本哈根會議堪稱災難。經過多年準備、長達兩星期毫不間斷的協商談判，卻只達成了一項薄弱而不足的協議，既無政治說服力、也無法律約束力。美國太早宣布會議成功，最後只落得一臉尷尬。中國及印度在會中成了主要阻力，並得到了所有開發中國家的支持。整件事亂成一團，充滿著政治挫敗、憤怒，以及各種異見。

哥本哈根會議實際的情況，遠遠不同於主辦方原本勾勒出的美好樣貌。

事實上，現場甚至有人流了血。

當時有個小房間，只有極少數國家的代表能進去閉門談判，而委內瑞拉代表克勞迪婭・莎勒諾（Claudia Salerno）並不在這群人之中。她非常生氣，堅決要求參與，不斷用自己國家的金屬名牌敲擊桌子，敲到手都開始流血。

「我得流血你才會注意到我嗎？」她對丹麥籍的主席大吼：「國際協議不能只由一小群特權份子說了算，你這等於是在為一場對聯合國的政變背書！」

她的每一句，都伴隨著金屬與鮮血的重擊。

要是救地球都得像這個樣子，我們只能說是萬劫不復。

要讓「不可能」成為「可能」

六個月後，聯合國祕書長潘基文請菲格雷斯接手國際氣候談判的重責大任。這件事簡直可說是前途無望：等於是要從政治垃圾桶裡撿出一些垃圾，再用來做成什麼東西。

當時從聯合國高層、各國政府代表、再到在家工作的氣候行動鬥士，沒有人相信這個世界有可能達到任何可行的協議。所有人都認為這件事太複雜、太昂貴、時間也已經太遲。

於是，菲格雷斯最艱難的挑戰，就是得先讓所有人相信有可能達成協議。她知道，對於氣候議題想達成最終協議，在考慮政治、科技與法律問題之前，得先改變眾人對氣候的態度問題，得先讓這「不可能」成為「可能」才行。

而第一步，就是改變她自己的態度。

菲格雷斯當時剛剛獲任命為《聯合國氣候變遷綱要公約》的執行祕書，就召開了她的第一場、也是讓最多人印象深刻的記者會。在這項應對氣候變遷的國際行動當中，她是一個新的聲音，此時大家就在德國波昂的瑪麗蒂姆飯店，一間無窗的房間裡，她面對四十名記者。

經過幾個不痛不癢的場面問答之後，終於有記者問了那個最重要的問題：「菲格雷斯女士，您認為真的有可能達成全球協議嗎？」

她想都沒想，脫口而出：「在我這輩子不可能。」

菲格雷斯的這個本能反應，對於曾經親身參加過哥本哈根會議的幾千人、還有曾在線上參與會議的幾百萬人來說，都說出了他們的心聲。彷彿希望已經破滅，只有深沉的悲痛。菲格雷斯的發言，表達了這種普遍的悲觀情緒，但也深深刺進她自己的心。她剛剛定案的這種態度，正是問題所在。要是她屈服於絕望，整個政治行動就會跟著落入絕望，不但會讓如今數百萬弱勢族群的生活品質無力回天，更會影響後面世世代代的命運。她不能讓這種事發生。

「不可能」並不是一個事實，而是一種態度。

菲格雷斯那天結束記者會之後，她已經知道了自己的首要任務：要成為「可能性」的燈塔，讓大家都覺得還有可能找到共同解決問題的辦法。她不知道究竟要怎樣才能做到，但她清楚知道自己別無選擇。

想促成這樣複雜、大規模的轉變，就像是想要織出一幅設計華美的織錦，但協助編織的人成千上萬，而且這些人從無編織的經驗，甚至也沒看過圖案的設計。在公約談判的會議上，會有近兩百個國家、五百位聯合國工作人員，五大談判方向（有時候還會交叉）、超過六十個主題，協商談判的參與者有數千人，來自各行各業。當然，所有人都是以「希望人類能有美好的未來」做為最根本的基礎，但只要再提升一個等級，無論是小到只是某場工作會議的議程，又或是大到像是「科學應如何反映在政策上」這樣的爭議議題，都得不斷協商談判。可以想見，挫折與阻礙很快就成了常態。

堅持本心

在整個協商過程中，我們先找出背後種種潛藏而造成挑戰的動力，再將這些動力引導到建設性的空間當中，形成一片由集體的參與及智慧所澆灌出的沃土，培育出創新的解決方案。

我們需要不斷推出仔細、有目標的方案，既要確保前進的動力，也不能變得專斷傲慢。我們希望做到的，是不斷釋放被壓抑的能量，並且推動下一階段的工作。面對複雜的動態系統，想去控制就會覺得前途渺茫；但如果把這看成是一片經過精心策畫、充滿各種可能性的園林，就可能令人感到振奮無比——每當問題找到了解決方案、各方同意的交集又多了一些，就像是園林開出了美麗的花。

2015 年 12 月，一百九十五國一致通過《巴黎協定》，有數億人認同這是一項歷史性的成就。當然，這項大成功的背後有許多因素，有成千上萬無名英雄的付出，但有一項關鍵是：深具感染力的成功心態，促成了集體智慧與有效決策。在《巴黎協定》通過的那一刻，無論是在場的人士，或是線上幾百萬名收看的人，都對未來感到樂觀；但事實上，樂觀只是旅程的起點而已。而且，可以說旅程本來就必須以樂觀為起點，否則我們永遠無法達成任何協議。

但我們也必須記住，在未來充滿挑戰的這些年裡，光有樂觀的心態還遠遠不足，《巴黎協定》當時也是如此。真正讓我們熬過漫漫長夜與多年努力、終於建立起初步協議的關鍵，並不只是一般的樂觀，而是在面對最艱巨任務時所必須的特殊類型：一種固執的樂觀。

樂觀絕不是什麼容易的事，它需要勇敢堅毅。我們每天都會聽到更多黑暗的新聞，也不斷有人告訴我們，世界將陷入地獄。這種時候，如果想走捷徑，就只能直接低頭屈服。但若想要走正道，就得在面對不確定性的時候，仍然堅持本心。

我們可能會面臨數不清的阻礙，但這點不該把我們嚇倒。我們可能在短期內看到氣候日益惡化，但這也不該令我們驚訝。我們必須選擇勇敢堅持下去，我們必須用決心與最大的勇氣來克服障礙，繼續前進。

拋開宿命論

我們既需要系統性的改變，也需要個人行為上的改變。兩者缺了一項，就無法讓我們以必需的步調、達成必需的變化規模。在社會裡，我們每個人各有自己的位置：家庭成員、社群的一份子或領袖、員工或執行長、公務員或政務官。而無論你在哪個位子，都有能力承擔起各自的責任，共同為公益努力。沒有人是無關緊要的。

特別是面對著巨大的人類挑戰，每個人唯一能稱得上是負責的做法，就是要保護人類和其他生命的形式，讓歷史能夠走向更好的方向。雖然時間已晚，但完全還有可能在此時改變方向，只不過這需要我們保持極強烈的集體意志與樂觀態度，才能讓我們跳出目前已經走上的這條死胡同。

這段花了五年達成《巴黎協定》的故事，在許多方面都類似於我們現在必須走上的新道路。今天，大多數人都認為十年不可能足以讓整個人類經濟改頭換面。但我們無法承擔這種宿命論的後果；我們唯一的選擇，就是將全部注意力都放到「對於改變方向，我們現在立刻可做的行動」。首先就是要改變自己對挑戰的想法，要有堅定的態度，而且不管挑戰多麼艱巨，也要以同樣的信念去感染他人。而這就是固執的樂觀。

人類的演化史，就是一則不斷面對時代的挑戰、發揮創意來適應的故事。而我們現在正面臨著人類史上最大的挑戰。這項挑戰可能要求我們發揮超乎現有的能力，但這正代表著我們受到這樣的邀請，要將能力提升到下一等級。而且，我們一定做得到！

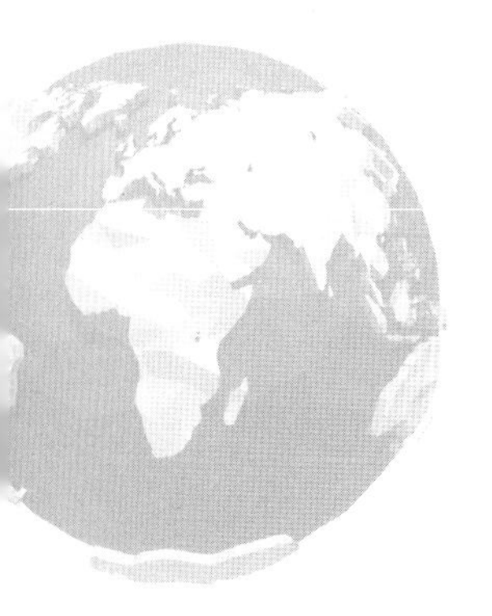

第6章

無窮的豐饒

新的零和模型，

將是以「合作」而非「競爭」為前提，

要用合作做為必要的引擎，

推動生物圈的再生，並創造出一片豐饒。

能捨才能得

我們心底深處，常常覺得必須與他人競爭，才能得到自己想要的東西、或是以為自己需要的東西。許多人的成長過程都深受零和遊戲概念的影響，認為要是有某個人「贏」了，一定是有某個人「輸」了——也就是某人得到了什麼，必定是有某人失去了什麼，這樣收支才會「平衡」，使得總和為零。這種零和遊戲的概念，讓我們的世界觀充滿著競爭。確實，要是沒有競爭，人類這幾世紀以來，不可能取得這麼多重大的經濟和社會進步，而且為了應對氣候變遷，我們仍然需要有健康的競爭來研發新科技。然而，如果我們讓競爭成了決策時的主要考量，其實是犯了根本的錯誤，讓人誤以為某些資源面臨匱乏，但其實再豐饒不過。

搭火車或公車的時候，很多人都會有一種視死如歸的決心，一心想衝在所有人前面，好搶到一個座位。這種心情實在太過普遍，所以某些國家的交通運輸業者還得廣播提醒旅客，請大家先下後上。但這種想搶位子的心情實在太強，光是廣播，有時候也難以阻止旅客的爭先恐後。

人類在這些情境之所以如此瘋狂，並不是因為天生就有競爭的衝動，而是因為我們對「稀缺」這件事有著根深柢固的感覺：不論現實如何，都以為某件事物的數量有限。我們深深覺得，車上就只有一個好位子，也想搶先其他人一步。不論這件事是否基於客觀現實，這種對稀缺的恐懼就會引發競爭，於是進一步讓我們恐懼稀缺，形成惡性循環。

對稀缺的感覺，讓我們困在一個很小的心理盒子當中。想讓這個盒子變大，有兩種方式。第一，我們可以看清事實：我們對稀缺的感覺往往並非來自客觀條件，而是我們自己的主觀認知。一旦瞭解了車上還有許多其他位子、甚至幾分鐘後就會有其他車來，我們就能爬出那個關於稀缺的心理盒子。

第二，我們可以放下零和遊戲的概念；只要想一想，就會發現這種概念其實很奇怪。沒錯，車上的座位數有限，但是有人「贏」並不一定就代表我「輸」啊。或許，如果把我的座位讓給另一個人，能夠開始一場意想不到的愉快對談；又或許，這個簡單的舉動就能讓另一個人整天開心，我自己也感到愉快。許多人都知道，透過「給予」能夠增加個人的幸福感，所以某種「損失」反而可以成為「獲得」。也就是說，原本的「我輸 ⟷ 你贏」其實可以是「雙贏」。

這一切都只是心態而已。

心態的影響就是如此強大，才讓我們相信了各種的稀缺，於是陷入不必要的競爭，然後又在競爭過程實際造成了我們一開始所擔心的稀缺。舉例來說，亞利桑那州的圖森市是個沙漠城市，水源在這幾年愈來愈匱乏。聖克魯斯河曾經一年四季在圖森市川流不息，但現在面臨乾涸見底；圖森市的年降雨量也只有 280 毫米。或許是因為大家總認為這地區缺水，隨著人口成長、又想要擁有更多水，於是民眾瘋狂抽取地下水，使地下水位下降了超過

91 公尺。聖克魯斯河沿岸曾經綠意盎然，但現在樹木和其他植被也和河流一起死去。民眾感覺缺水，就會過度抽取地下水，於是缺水更嚴重。原因就在於植被死亡後，光禿禿的土地（或鋪面）無法涵養已經為數不多的降雨，於是大部分雨水直接流失。

耐心尋味的部分在於：圖森市每年的 280 毫米降雨量，其實大於該市每年的用水量。[1] 他們從來不是真正缺水，只是以為自己缺水。要是能夠從整個水循環的觀點來看，而不是只擔心自己井裡在特定時間點的水量，就會覺得圖森市其實水源豐饒。對於這種「覺得很缺、但其實很多」的資源（就像是車上座位夠所有人坐，或是下的雨夠所有人用），我們的反應方式除了過去狹隘的競爭觀點，也應當改採另一種更寬廣的合作觀點。影響我們如何反應的因素，有可能大到像是個人的自覺意識，也有可能小到像是當天剛好心情如何。我們的態度並不會改變任何事實（像是車上究竟有多少座位、天究竟要下多少雨），但我們感受到的體驗卻會大有不同。而且在很多時候，如果眾人能夠合作，擁有的體驗非但不會減少，反而會更多。

然而，如果要討論的是某種確實稀缺、而且還不斷減少的資源，決策的情形就截然不同。這點可能會違反大部分人的直覺，但在資源確實稀缺（而不只是感覺稀缺）的情況下，合作將會是**唯一可行**的選項。幸好，雖然大部分人可能不太相信，但至少在某些情況下，人類本來就會傾向合作。

像是在遇上颶風、地震、甚至是恐怖攻擊等災難的時候，整個社群的成員往往就會團結起來。研究顯示，在卡翠娜颶風重擊紐奧良、海燕颱風橫掃菲律賓之後（另外也包括全球各地許多其他災難），當地社群經歷了共同的傷痛，都展現出絕對的無私團結，共同合作進行重建復原。[2] 面對災難，我們通常都能放下過去競爭的心理，展現付出的精神，不管是時間、技術、金錢、愛情，又或只是一頓家常料理。要放下競爭心理，關鍵就在於**付出**其實能為我們帶來**快樂**，雖然表面上是在苦難之中服務他人，其實也是服務了自己。[3]

碳預算——最終極的資源匱乏

2015 年 11 月 13 日，再兩星期就要開始《巴黎協定》最後一輪談判，但在這座城市卻發生了她史上最嚴重的恐怖攻擊。恐怖份子瞄準巴黎的六個人氣景點，造成一百三十人死亡、近五百人受傷。[4] 曾在那段時間造訪巴黎的人，沒有人會忘記共和廣場整齊擺放著成千上萬雙鞋子的哀悼景象，其中還包括一雙教宗方濟各的黑皮鞋。面對這樣的恐怖攻擊，全球一百五十五位國家政府元首並未退縮，在不到兩星期後便前往巴黎，參與這場史上單日有最多國家政府元首齊聚一堂的活動，原因除了確實有達成全球氣候協定的必要性，也有一部分是為了大規模表態聲援法國。

在這種感受深沉哀痛、迫切需要慰藉的時候，我們會挺身而出，並肩給予支持。這種想要圍成一圈相互打氣的衝動，正是我們要應對氣候危機所必需。

你心裡可能還記得某個最近的災難事件，記得在那之後引發的合作與團結；那些災難有可能只是地區性的，但我們面臨的全球性資源稀缺則更具挑戰性。就全球而言，與五十年前相比，昆蟲、鳥類與哺乳類動物數量大幅減少，森林覆蓋率也大幅降低。現在的土壤生產力不及以往，海洋的豐饒程度也不比過去。而一項比較難注意到、但威脅更大的問題，則是大氣已逐漸沒有空間再容納我們排放出的溫室氣體。

如果把全球的大氣想像成一個浴缸，五十年來的水位一直都在上升，只不過裡面裝的不是水，而是溫室氣體。目前已經升到了浴缸邊緣，也就是科學認定大氣所能容納最大的溫室氣體量，又稱為大氣的**碳預算**（carbon budget）。一旦超出碳預算，浴缸就會開始溢出而失控。我們就在大氣臨界點的邊緣，而這些臨界點就是如此難以預測、不可逆轉，令人想來心驚膽顫。不論你身處世界哪個地方，排放出的任何二氧化碳都會加大災難的可能性。我們正快速用掉浴缸裡僅存的空間，而這才是最終極的資源匱乏。

以合作取代競爭

現在的已開發國家，在過去工業化的過程中燃燒化石燃料，形成大量碳排放，對於氣候變遷必須負起絕大部分的歷史責任，也因此才有了在 1992 年通過的《聯合國氣候變遷綱要公約》。相較之下，現在的開發中國家雖然就歷史而言幾乎沒有責任，但就現在的經濟規模而言，卻正在對氣候帶來不成比例的巨大破壞。這點無關意識型態，而是不爭的事實。與此同時，情況在經過三十年之後，已經再明顯不過，隨著開發中國家不斷發展、愈來愈多人口脫離貧困，一些開發中國家的經濟成長仍然大多依賴化石燃料，於是碳排放量也正在迅速增加。因此，工業化國家一直呼籲，開發中國家需要擔起更多減排的責任。多年來，雖然開發中國家同樣會逐漸感受氣候變遷造成的負面影響，但他們仍然斷然拒絕加大減排，深怕影響其經濟成長。

對於目前僅存的碳預算該如何公平分配，仍然眾說紛紜。有些人提議，應該訂出工業化國家的排放上限，好讓開發中國家保留成長空間；已開發國家對此無法接受。也有人建議，應該要求逐步減少工業化國家的排放，而開發中國家的排放成長也必須在控制範圍之內。毫不意外，並無法找出各方都滿意的交集。還有人建議，採用全球一致的標準，每人每年只能排放 2 噸的二氧化碳。而由於世界各國的二氧化碳人均年排放量有著極大落差，從 0.04 噸到超過 37 噸不等，顯然那些排放量遠超過 2 噸的國家不可能認真考慮這項提案。

事實證明，不論要用哪種公式，想要公平分配剩餘的大氣空間，只會是徒勞。只要我們並未跳出「稀缺」與「競爭」的心態，就不可能得到公平的結果。

由於地球確實已達到大氣空間稀缺的狀態，開始危及人類賴以生存、並能使溫室氣體在大氣中維持安全含量的生態系，我們也就不能再繼續抱持過去的心態。要是亞馬遜雨林被毀，碳排放飆高的後果將不只危及巴西，而是會讓整個地球同遭苦果。同樣的，要是北極的永凍土融化，除了周遭國家受害，整個地球都無法倖免。我們都在同一艘船上，船的一端破了個洞，不代表只有那邊的乘客會淹死，而是所有人同生共亡。

新的零和模型，將是以「合作」而非「競爭」為前提，要用合作做為必要的引擎，推動生物圈的再生，並創造出一片豐饒。

共同創造豐饒

當時已將近午夜，人人也都達到了臨界點。

這場談判在 2014 年，位於祕魯首都利馬，雖然過去幾天進展順利，但終於來到意料之中的難關：減排的責任歸屬。我們早就知道這個問題終會浮現，而且會造成嚴重的後果：決定隔年巴黎會議的成敗。

過去每一次重要的國際談判會議上，每當我們陷入棘手的僵局，常常會有人在午夜過後，輕輕敲響辦公室的門，敲門的人是中國代表團多年來的團長解振華。也正如所料，解振華再次帶來明確的訊息。

當時起草的談判內容，對於氣候變遷責任歸屬，以及未來各方應對氣候變遷的能力，都還存在重大歧見，未能解決。開發中國家與其接受這種不公平的協議，寧可在當年的利馬或隔年的巴黎都不要達成任何協議。而解振華點出，在中美兩國最近達成的一項協議中，不是以競爭與稀缺為基礎，而是改用合作與豐饒為基礎。該項協議既未強調工業化國家的歷史責任，也未強調開發中國家要減少碳排放的義務，而是從不同的典範出發，鼓勵各國及集體共同追求減排所得的利益；這就是一種超越零和的新概念模型。

於是我們所要做的，就是將這種概念模型應用到一百九十五個國家要共同達成的全球協議上，也應用到其他需要各方有所交集的議題。首先，我們必須反覆協商中美雙方改寫後的協議文本，任何一字、一個標點都不能放過。美國代表團由托德・史登（Todd Stern）與蘇・比尼亞茲（Sue Biniaz）領銜，中國代表團則由解振華領軍。當時我們必須迅速但謹慎的來回雙方代表團辦公室，又不能在其他上千位代表面前顯出一絲的慌亂；畢竟這些代表當時為了突破僵局，已經筋疲力盡而又無比焦慮，擔心整場會議徒勞無功。終於，在雙方來回幾次互相釋放善意後，協商出一個雙方同意的版本，雙方也各自回去說服屬於自己陣營的國家。

根據新的理解看來，碳減排確實是每個國家都需要負起的責任，然而除了是為了自身利益，也是為了地球整體。心態轉變、也讓相關的語言轉變之後（不再是互相競爭，而是雙贏；各方不是互相衝撞，而是共同創造豐饒、共同得益），也就為全球協議打開了大門，做好隔年要在巴黎實際簽署協議的準備。

現在已經有愈來愈多國家完全理解，在二十一世紀能夠、也應當推動清潔能源與清潔大氣的發展；靠著讓經濟擺脫碳排放，能讓國家創造更多就業機會，享受更清潔的空氣、更高效率的交通、更宜居的城市，以及更肥沃的土地。轉為「創造豐饒」的心態，並不代表碳經濟可以從此肆無忌憚，而是為每個國家提供各種個別及集體的正面因素，讓各國願意不要超出碳經濟應有的限度。只要有一個國家能夠領頭，讓其他國家看到清潔科技與政策能為國家帶來利益，其他國家就會跟上，於是形成一股動力，全球減碳的腳步也會加快，而讓地球得到保護。

我們想要合作的時候，就能打破過去一味追求「我想要，或是我認為自己需要」這樣的思考框架，而能夠看到其他更寬廣的思考框架，像是「我能得到、但別人也能得到」。瞭解豐饒的概念，並不是要讓物質資源出現不實的成長，而是要理解到有各種不同的方式都能夠滿足人的需求、讓人人都感到滿意。這樣一來就能夠保護並重新補充資源，也能讓人際關係更為豐足。

這是一種無窮的豐饒。

讓人類整體不斷向前邁進

就個人層面上，我們應該要讓「提升合作」與「培養豐饒」成為自己的心態。這種心態上的轉變，聽起來難，但做起來其實簡單得多。

舉例來說，太陽、風力、水力、潮汐、地熱所能提供的能源就正是無窮的豐饒；而我們也正學習如何使用這些取之不盡、用之不竭的資源。我們復育了土壤、森林和海洋之後，也可以採行更聰明的管理方式，達成無窮的豐饒，而不是浪費資源、轉眼就耗盡。實際上，生態系的運作原本就會遵守這種豐饒的原則：使用生態系當中自然而然就大量存在的成分（像是各種廢棄物）提供食物和養分，以進一步生長。

此外，人類的創意、團結、創新等等特性，也是一種無窮的資源。

在網際網路上，早已出現由集體產生、自由分享的知識，這一方面帶來了資料上的挑戰，至今仍有待解決，另一方面也讓人更容易理解所謂的合作系統與無窮的豐饒。像是維基百科、領英（LinkedIn）或是導航應用程式位智（Waze）。在這些系統上，雖然每位使用者都獨一無二，但也都在這個不斷成長的網路系統上互相連結。每位使用者結合成整體，而且知識整體就會有一加一大於二的效果。整套系統不斷變化，某些地方會放大、有些地方會有修正，還會延伸擴展到過去未知的領域。在此，雖然還是會有競爭，但程度有限，因為這裡是人人都有貢獻、人人都能受益、人人都能從不斷增加的大餅分到一塊。這種遊戲的名稱就是「合作」，而這種遊戲的結果，則是眾人能共享無窮的豐饒。

至於下一步，則可以想像「一切都是開放資源」的世界，在人類的各項領域都以開放為原則，於是人與人相處的預設原則不再是競爭，而是合作。這樣一來，等於是遵循我們在所有自然生態系都可觀察到的原理，將會顯著提升整個系統的學習力和成長力。以這種方式，我們能夠持續教學相長，指數性提升合作創造知識的能力，開放共享各種商品及服務，讓人人都能從中受益。

要這樣達成豐饒，第一步就是先擺脫認定資源稀缺的感覺，相信只要眾人合力，就能創造豐饒。這樣一來，我們會更能感受到彼此的存在，感受到能夠從彼此身上學習什麼，又有什麼能夠分享。我們會更能感受到自己想競爭的衝動，並且為了制衡這種衝動，更有興趣思考能夠怎樣達到共贏。我們會更有可能去感謝那些對群體有所貢獻的人，於是鼓勵大家在各個領域表現出更高程度的團隊精神及合作水準。我們也會將勞動的成果與其他人分享，讓他們運用這些成果推動未來的工作，而自己不會心心念念計較著什麼智慧財產權。讓另一個人成功，並不是我們「輸」了，而是讓人類整體不斷向前邁進。

我們正在進入人類演化的下一階段。人類已經造成自然資源的稀缺，大氣能夠容納碳排放的空間已迅速減少。現在這個人類物種（以及許多其他動植物物種）就必須去適應這種新的情境。為此，必須讓「合作」成為最優先的事項。面對這種終極的資源稀缺，我們必須先接受新的零和概念（人類不是共同贏得勝利、就是共同輸掉這場賽局），並且改用一種豐饒的心態，來看待目前所僅存、以及我們能夠共同創造並分享的資源。

第7章

根本的再生

伊甸園已不復存在。

人類現在必須創造出一個「意念園」，

也就是要創造出：

一個刻意進行「恢復再生」的人類世。

我們在聯合國工作了一整天，筋疲力盡，在辦公室附近的小餐廳裡安靜吃著飯，聊著已經做了哪些事、又還剩下什麼得做。隔壁桌有兩個年輕人，吃完了飯，喝著第三杯啤酒，講著待會兒要幹嘛。雖然我們努力想把注意力拉回自己該做的事上，但還是忍不住聽聽他們在說什麼。

「你為什麼想走啊？」

「這裡找不到我想要的了啊。」

「那你要去哪？」

「我也不知道。能找到更好的東西的地方吧。」

我們兩人對視，都抬起了眉毛。那個年輕人講的這種話，我們已經聽了不知道幾遍：在這裡已經什麼都沒有了，該去別的地方找找看了。

那個年輕人想追求「更好的東西」，絕不只是他一個人的想法。人類社會已經有好幾百年都是這樣。來自遠方的征服者，從各殖民地掠奪金屬、礦產、異國食材，而很多時候就只留下了動亂、傳染病和《聖經》做為交換。人類管理著肥沃的土地，事實證明我們很懂得如何榨取樹木及各種養分，凡人類走過，就讓土地表層盡告枯竭。

直覺想要做這些事，說不上是什麼錯。這些直覺確實能讓我們成長，以應對日益嚴峻的挑戰。然而無論在個人或專業方面，我們的成長都應該是雙向的：更懂得如何獲得、也該更懂得如何付出。但就人類這個物種而言，我們卻習慣了只做單向的交易：

一味獲得，卻看不到自己造成的稀缺。

地球已經不再能夠支持這種單向的成長。人類的榨取之路，已經走到盡頭。不斷「獲得」的時間結束了。眼前有個巨大的紅色標誌寫著「停」，告訴我們，再一步就是懸崖峭壁。

發揚我們的第二天性

榨取是人類根深柢固的一種行為傾向。為了不再只是榨取、消耗，就需要把注意力放到另一項同樣強大而出於內心的特質：人類也有支持「再生」的天性。照顧自己、關懷他人。與大自然天人合一。攜手努力，重新補充那些我們用掉的資源，確保明日仍有充足的資源可用。這些傾向其實可說是我們的第二天性，只不過到了現代社會有些生疏。現在該是讓這些天性重出江湖的時刻了。

我們其實對「恢復再生」的概念並不陌生。

像是有孩子的人，可以想想在孩子有自我懷疑的時候，父母都是怎樣在一旁提供支持。你一定記得，自己會多麼有耐心的聆聽孩子的憂慮，並且幫助他們繼續抱持希望。還有一些時候，有朋友在專業上陷入困境，你也會投入許多時間和精力，幫助他們重新建立自信，再站起來。

有些時候，比起幫助自己，要幫助家人和朋友（甚至是遠在半個地球外的陌生人）復原，似乎更為容易。雖然這種事情可能聽起來像是高尚的節操，但如果想讓這種事發揮最大的功效，就還是需要從自己做起。

在氣候危機中，我們每個人都得負起責任把自己充實好，不能出現崩潰的狀態。我們有些同事處理氣候變遷議題多年，壓力極度沉重，可以感覺到自己已經處於過勞邊緣，就會趕快去休息一段時間，靠著投入大自然的療癒懷抱、或是某些靈性團體的溫暖支持，重新恢復他們的精力。有些其中最聰明的人，已經將冥想與正念練習，排入他們的日常生活。

我們從自己的經驗瞭解到：想要能夠應付每天從四面八方轟炸而來的壞消息，就需要先站穩自己的腳步，否則就會像是風中的一片葉子，難以應付來自各方的吹拂。我們最好能像一棵樹，堅定踩穩自己的價值、信念與原則。而就我們這兩位作者來說，當天有沒有冥想，會有很顯著的不同。冥想所帶來的好處，當然會隨著多年的練習而逐漸開花結果，但光是每日例行練習一下，也能有明顯的感受。或許你從沒想過要冥想，也對修行毫無興趣。這沒有關係。但這並不代表你就不用好好關注自己。不論是園藝、手工、繪畫、演奏或聽音樂、做運動、在公園散步，又或是在河裡划船，你都該找出一種能讓自己與靈魂重新恢復活力的方式，並且定期、刻意去做。

我們最重要的第一項責任，就是注意到自己何時已經快要耗盡，並且能夠在這種時候給自己一點支持。我們的第二項責任，就是要針對那些我們已經在親友身上展現過的協助恢復再生的能力，再次確認並強化這些能力。而且還不能到此為止，我們需要再面對第三項責任：讓那些不在我們最親近的親友圈的人，也能享有我們提供的恢復再生，最後甚至是讓大自然也能雨露均霑。

讓大自然恢復再生

在自然界，對於**再生**（regeneration）一詞最嚴格的定義是一種出於自身的癒合過程，能夠運用剩餘的健康組織，重塑生物受傷的身體部位。舉例來說，蠑螈、蜥蜴、章魚和海星都能夠再生失去的四肢或尾巴。而就人類而言，成人的肝臟就算部分切除或受傷，也有可能再生到原本的大小。所有人也一定有這樣的經驗，在皮膚擦傷或有了傷口之後，能夠自行修復，有時候完全不留痕跡，簡直像個奇蹟。

而對於再生還有一種廣義的解釋，就是在人類解除了原本施加的壓力之後，某種物種或生態系能夠自行恢復。鯨類族群與退化的土地就是很好的例子。

灰鯨與座頭鯨曾經因為十九世紀的商業捕鯨活動而幾近絕種，但如今數量已經幾乎完全恢復。禁止捕鯨的效果證實，只要我們不再施加榨取的壓力，動物族群就能夠恢復（當然前提是尚未完全滅絕）。

生態系也是如此，像是從許多古老廢墟的照片就能看到，現在已經有眾多綠色植物蓊蓊鬱鬱。車諾堡（Chernobyl）周遭已經恢復了繁榮的生態系，正是一個絕佳範例。隨著人類離去，植物開始重新生長，養活了蠕蟲和真菌，也就讓土壤得到滋養。如今的車諾堡處處鳥鳴，甚至像是野豬和熊等等大型哺乳動物也已經回歸。只要我們消除掉自己施加的壓力，大自然就能恢復健康。

現在面臨氣候變遷、森林濫伐、生物多樣性喪失、沙漠化、海洋酸化，各項危機不斷加劇匯聚，已經不能再天真的只想依賴地球自然的韌性或恢復能力。雖然大自然本身確實有恢復能力，但恢復再生不一定只能完全靠地球自己。

到目前，大自然的自我更新能力已幾乎被人類摧毀殆盡，很多時候已經需要人力刻意介入，才能讓生態系恢復。例如我們在第 3 章提過的「復野」。

舉例來說，除了要解除放牧或非永續的耕種方式對土地的壓力，還要重新引進當地原生的動物，協助大自然恢復元氣，慢慢找回豐富的生物多樣性。而在已經退化或森林遭到砍伐的地區，也可以刻意種植樹木與灌木，來促成再生，恢復土壤健康、提高生產力，並穩定地下含水層。

目前在蘇格蘭高地就有一項著名的森林復育行動，研究者發現如果當地的樹木消失，一般會出現在樹木周遭土壤中的真菌也會一同消失。而結果發現，如果想在土壤退化的地區復育森林，菌根菌（mycorrhizal fungi）有很大的助益；目前在復育蘇格蘭加利多尼亞大森林的時候，就會在新樹苗的根部撒上一些當地原生的蘑菇孢子，希望能讓復育的速度更快。

珊瑚復育也是刻意復育的絕佳範例，會先從當地的珊瑚礁蒐集珊瑚碎片，進一步打碎之後，移至珊瑚苗圃養殖，珊瑚在苗圃的生長速度能夠遠超過在開放海域的生長速度。接著再將培育成的珊瑚移至復育地點，讓受損的珊瑚礁再長回來。在珊瑚養殖技術不斷進步之下，科學家很快就能進行大規模的復育，恢復瀕臨滅絕或已經死亡的寶貴珊瑚礁。

大自然確實有自我恢復的能力，但如果能有人類刻意協助，就能讓恢復的可能性更高，速度也更快。在人類的支持下，「恢復再生」有機會成為地球未來演化的主要方向。

我們已經將自然世界帶到了幾個危險邊界，一旦跨越、就可能無法再自然恢復。這就像是一條橡皮筋，雖然一般來說可以拉伸再恢復，但如果真的拉得太緊，就會啪地一聲斷裂。到了目前，大自然的恢復再生已經無疑需要人類刻意大規模協助，仔細計畫、並好好執行。

我們已經不可能讓一切都完全恢復。許多物種已經滅絕了，回生乏術，也有某些生態系所受的傷害已經超過了能夠自然復原的臨界值。但幸運的是，現在的自然環境還算相對堅強，能夠對我們付出的關懷與照顧有正面回應。

靠著出於善意、精心計畫的再生措施，就能讓我們的生態系恢復再生；或許並不是恢復到過去的狀態，而是來到一種重返健康、韌性更為提升的新狀態。

多多接觸大自然

想要轉變為這種有助於「恢復再生」的心態，第一步就是要承認並內化一項簡單的事實：人類最基礎的身體生存，就是如此直接依賴大自然——要是沒有氧氣，人類活不過幾分鐘。而我們呼吸的氧氣都是來自於光合作用，要依靠陸地上的花草樹木，以及海洋裡的浮游植物。我們喝的每一口水，都是來自雨水、冰川、湖泊與河流。要是沒有土地，我們就沒有食物可吃，沒有水果、蔬菜、穀物、牛、雞或羊。要是沒有河流與海洋，也就不會有海鮮魚類。

沒有水，人類活不過七天；沒有食物，人類活不過三星期。我們吸進的每一口氣、喝下的每一滴水、吃下的每一口食物，都是來自大自然，這也讓我們與大自然緊密相連。這就是一個簡單的基本真理，但人類常常忘記了，又或把這視為理所當然。

生態系能否正常運作，影響的還不只是當下的生死問題。人類身心的健康，有一大部分會受到「是否經常與周遭自然環境接觸」的影響。現在都市化速度加快，人們又有愈來愈多時間花在電子設備上，也讓人愈來愈少接觸大自然。久坐不動的室內生活（一般就是很少接觸自然日照、空氣品質差、四面圍牆、看螢幕的時間愈來愈多），不但會導致肥胖、體力降低，還會造成疏離感與沮喪。此類症狀統稱為「大自然缺乏症」。[1]

相對的，研究指出，那些會花時間接觸大自然、在大自然裡運動的人，死亡率、壓力和罹病率都顯著較低。在大自然裡的遊戲、園藝，以及接觸自然景觀，都能提升我們的幸福感，也讓我們對於不斷變化的光線、天氣與季節，感受更為敏銳。

重新接觸大自然，能夠有效解除焦慮與壓力，也是抵抗身體疾病的好方法。日本的醫療保健體系已經發展出「森林浴」這種做法，也就是刻意在森林裡度過一段時光，這能夠增強我們的免疫系統、降低血壓、幫助睡眠、改善心情、增加個人能量，對人的身心都有益處。目前，森林浴已經是日本的預防性保健與療癒的重要基礎。

目前關於兒童肥胖的治療，也有愈來愈多兒科醫師的處方是請兒童很自在的接觸自然，感受當地的野生動植物與獨特地景，感受那份驚奇與熱愛。事實上就有些醫師認為，與其看紀錄片瞭解瀕危物種或遠方的生態系，還不如親自在家栽種植物，或直接到戶外研究蝴蝶、鳥類和蜻蜓究竟怎麼飛。

民眾已經愈來愈意識到：人類就是必須依賴地球的生命支持系統，我們與這套系統緊密相連，所以我們更有必要恢復生態系和地球的健康。

現在，全球各地有無數人在努力著，要重新造林，要保護紅樹林和泥炭地（泥炭地擁有強大的儲碳功能），要重建溼地，同時也要靠著人工降雨、多年生穀物與草類、以及農林混作，讓已退化的土地得以恢復。但我們還需要做得更多，才能將這些解決方案的規模擴大到全球。

要是能夠刻意為之、並且堅持下去，就能讓這種追求「恢復再生」的心態發揮出最大效益。這不僅需要培養出堅強的心理紀律，也需有懷有溫柔謙和的精神。

我們必須知道，自己除了要從人類同胞手中取得自己需要與想要的東西，也有責任要為自己充電，並且協助他人恢復能量，協助他人獲致明晰的見解。我們也必須知道，自己除了要從大自然取得我們需要的東西，也有責任保護地球上的其他生命，甚至是提升地球維持生命的能力——這點到頭來也會符合我們自身的利益。個人與環境的目標總是相互聯繫、相輔相成，兩者也確實都需要我們的關注。

懷抱「恢復再生」的心態，能夠在大自然運作的方式（再生）與人類生活的方式（榨取）兩者之間搭起橋梁，[2] 讓我們運用人類的創意、解決問題的能力、以及對地球的熱愛，「重新設計人類存在於地球的方式」。[3]

從「自我」轉向「自然」

大衛・艾登堡爵士（Sir David Attenborough）可說是我們這代最著名的博物學家，而他警告：「伊甸園已不復存在。」我們也同意這種說法。正因為如此，人類現在必須創造出一個「意念園」（Garden of Intention），也就是要創造出一個刻意進行恢復再生的人類世。

讓我們提出一個理想：地球上不是各種被採礦挖得坑坑疤疤的山脈、燒毀的森林、枯竭的海洋，而是有著上百萬個復野的計畫，復育數十億公頃的森林，恢復了草原與溼地，所有熱帶海洋裡也都有珊瑚農場，讓珊瑚重現生機。

一個恢復再生的人類世，並不會自然而然就出現，而是需要我們刻意去創造。只要心裡決定了方向，就能讓我們不再靠榨取來追求經濟成長，而是轉化為一個能夠永續維繫生命的社會，具有恢復再生的價值、原則與做法。

我們能夠點燃一種恢復再生的人類文化，讓人類成為所有生態系以及整個地球維持生命的重要力量。為此，我們需要藝術家與政策專家，需要農民與產業領袖，需要祖父祖母與發明家，也需要原住民領袖與科學家。

我們可以選擇用「再生」做為生活與活動的最高指導原則，一方面恢復土地與社群的韌性，一方面也療癒我們自己的心靈。在企業舉辦策略會議、或是家族團聚的時候，除了聚會本身當然得用碳中和的方式來舉行，還可以共同討論如何推動各種再生方案，讓我們親身接觸土壤和水，一同復育、而非破壞地球上的生命。

我們必須將行動的指南針，從指向「自我」轉為指向「自然」。每當採取任何行動，都得先通過相對的壓力測試，而且通過的標準必須相當嚴格。在採取任何行動之前，都得先問：這項行動，是否有利於人類與大自然共同做為一個整合的系統，在地球上繁榮興盛？如果答案為「是」，就是個綠燈。但如果答案為「否」，就是個紅燈。就是這樣，沒什麼可以討價還價！

這並不是什麼遙不可及的夢想，而是正在發生的現實。正如知名作家阿蘭達蒂・洛伊（Arundhati Roy）所言：「另一種世界不但可能，而且還正在降臨。或許到時候，我們很多人並無法親身歡迎她，但只要在安靜的一天，只要我聽得夠仔細，就能聽到她的氣息。」

第三部

十項行動

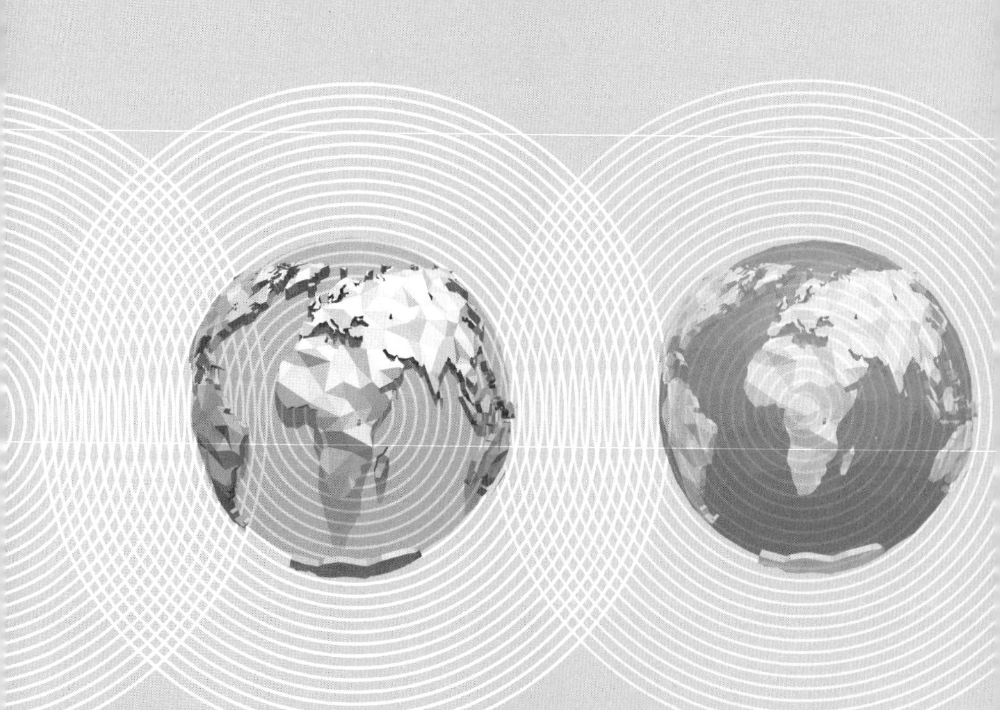

第8章

該做的事，義無反顧

光是改變心態還不夠，

我們要邀請你盡快投入行動。

你可以先集中精力，從這十項行動當中，

挑選一兩項開始。先挑選你最容易接受的領域，

接著再自我挑戰，慢慢愈做愈多。

2015 年 12 月，巴黎會議第一週即將結束，我們正在菲格雷斯的辦公室工作，此時響起了敲門聲。

聯合國安全處主管凱文・歐漢隆（Kevin O Hanlon）走了進來。我們共事多年，很容易就看出他神色憂慮。

「我們發現了一枚炸彈。」

那正是我們一直擔心的噩夢。

由於巴黎發生了恐怖攻擊事件，我們讓主辦國法國的安全部隊接手負責聯合國會議場地的進出區域。在聯合國談判會議期間，該會議場地依法屬於境外領地，非屬主辦國的主權管轄。但對於 2015 年的這場聯合國氣候大會（COP21）來說，已經直接將勒布爾熱機場（Le Bourget Airport）改造成一座大型會議中心，共有一百九十五國、兩萬五千人參加，顯然是個可能的恐攻目標。我們知道自己需要法國執法單位的協助，特別是反恐特勤小組以及搜爆犬。

當時法國全國部署三萬名警察，設置二百三十八處安全檢查站，來到前所未有的安全戒備程度。與此同時，我們在聯合國會場想實現的目標，也是前所未有的重大。只剩五天，就要召開聯合國史上最大規模的氣候變遷談判會議。只能說事態極度嚴重。

歐漢隆說，他們是在勒布爾熱地鐵站的一個垃圾袋裡發現炸彈，該站是我們會議的列車交通樞紐，兩萬五千名與會者整天都有可能經過。菲格雷斯的兩個女兒每天會有至少兩次進出該站；至於里維特－卡納克，則是有兩個孩子在家裡等他回家。我們兩人相望，彷彿都在對方眼中，看到三星期前在巴黎與巴黎北郊聖丹尼（Saint Denis）的場景：碎玻璃、血液、屍體、哭泣的家人。

雖然發現的炸彈已經拆除，但並無法確定這一區是否還被放了更多炸彈。

危機中的轉機

一切的重點就是要達到平衡。經過多年努力，我們終於有了一份全球氣候協議的草案，長期目標是要實現淨零碳排放的全球經濟，要有一套說法來保護弱勢族群，甚至也要備有**不倒退機制**（ratchet mechanism），逐步增加碳減排量，希望能讓全球升溫幅度「遠低於攝氏 2 度」。協議草案已經納入這些遠大的目標，但各國必定會施加政治壓力而希望刪除，當時很難預測究竟能否成功過關斬將。

而且，我們的目標還不僅於此：我們希望最後協議的結果，是讓升溫幅度不超過攝氏 1.5 度。一個升溫攝氏 2 度的世界，對於基礎設施與生態的損害，以及所造成的致命高溫、饑荒、水資源短缺，嚴重性都可能高達三倍。這樣的差異可以拯救數百萬人的生命，甚至可能讓那些低海拔的島嶼與海岸線得到一線生機。如果我們取消會議，有可能從此再無促成協議的機會：可怕的政治阻礙將依然存在，各種反動勢力也開始集結、希望阻止世界去做該做的事。

這場聯合國氣候大會就是我們的機會。

而我們必須做出決定。

究竟是要取消會議、也放棄達成全球氣候協議的機會，還是要決定續開會議、但承擔起一切隨之而來的風險？菲格雷斯當然很熟悉如何做出艱難的抉擇，但這樣的抉擇實在不該落在一位母親的頭上。

當下，各種風險、恐懼與損失有如洪水，將我倆淹沒。處境無比嚴峻，而且我們沒有太多時間，無論是誰，都得做出決定。

極端氣候，極端政治

而各位讀者，你眼前也有一個選擇，你也已經瞭解各個選項背後的風險。

要做出選擇並據以行動，你的時間也所剩無幾。我們已經談過每個人需要培養出怎樣的心態，才能應對氣候危機這項全球大挑戰，但光這樣還不夠。想讓改變真正發揮影響力，除了心態改變，更要落實到行動之中。

為了創造一個恢復再生的未來，我們列出了十項不論如何都必須投入的行動，也希望讀者能夠選擇這種未來。這種未來可能有些人已經很熟悉，也有些人還很陌生。我們所考慮的，不只是我們想創造怎樣的世界，也包括了過程中本來就存在的風險。

一方面，能夠解決氣候危機的大方向再明顯不過：別再把溫室氣體釋放到大氣當中。但為了實現這個目標，我們得搭配想出無數個小型解決方案。

在人類為了求生存所做的舉動當中（例如取得食物、前往各處），皆會造成溫室氣體的排放。人類的行為與生存方式，與那些正在造成地球滅亡的事物難捨難分，因此我們不可能像是個開關一樣，說關就關，從此不再排放溫室氣體。[1] 讓我們想像一下：假設在一個平行世界，我們要求立刻停止使用任何化石燃料，並且禁止人類再做他們習慣的各種舉動，應該只需要幾星期、甚至是幾天，全球就會爆發革命。

但另一方面，要是政府沒有做到該做的程度，而讓年輕人與再下一代的生命受到威脅，也有可能會出現大規模的起義，甚至目前已經隱隱看到這種趨勢。[2]

我們需要真正有影響力的改變，而且必須既能達到科學要求的速度，又得符合民主的種種規範，否則就可能落入暴政或無政府狀態。這一點至關緊要。在未來幾十年間，氣候變遷會以更強大、更致命的方式展現，使更多人被迫流離失所、農業產量起伏加劇、天氣也更加極端。另外，也會有愈來愈多的民粹領導人，號稱要保護人民的短期利益，其實是為自己的行為找藉口。這樣一來，可能會妨礙我們找出氣候變遷的根本原因，於是使危機更嚴重。

就算對於當今政治只是稍有關注，也會知道這種風險絕不只是理論。像是在敘利亞，接連五年大旱，情況為史上最慘重，摧毀了當地的農業，也讓許多農村家庭遷入都市。當時已經因為伊拉克戰火而湧進大量難民，各種緊張局勢互相加成，終於引發敘利亞內戰，以及巴沙爾・阿薩德（Bashar al-Assad）的種種暴行。於是，以敘利亞難民為主體，難民潮不斷湧入歐洲。最後德國總理梅克爾拍板接受了許多難民進入德國，[3] 而這讓德國政治豬羊變色，極右派的「德國另類選擇黨」（AfD）的得票率從平均 3% 躍升至 16%，已經成為一支重要的政治力量。[4] 這讓當時歐盟的實質領導人梅克爾聲望受挫，並且還繼續影響了歐洲及其他地區的政治局勢。

隨著氣候變遷的影響日益危急，如果不想看到極端主義政治出頭，就必須再有更多準備。我們將在後面列出的十項行動，除了會介紹如何減少碳排放，同時也會指出我們做為一個社會，怎樣更能抵擋極端主義運動，以免被極端主義拉回錯誤的方向。

改變自己心中的優先順序

我們所呼籲的十項行動，重點不只是要大家淘汰化石燃料、或是投資各種科技解決方案，而是要呼籲大家建立更加公平的經濟體系，避免對社會網進一步造成負擔。

另外，也呼籲所有人都更積極參與政治，並且別去緬懷某些一旦重現可能會造成危險的過去。有些內容可能乍看之下與氣候變遷問題八竿子打不著，但卻是我們在回應氣候變遷時，必要的基本態度。我們必須拒絕落入不斷怪罪他人、自己又得到報應的惡性循環，並且要追求我們所迫切需要的齊心合力。我們不能讓社會安全網張到緊繃、還容許不平等繼續擴大，否則民主體制就會拒絕讓經濟進一步改變。所有問題就是必須同時得到解決。

我們要請各位做的事情非常重大，絕不只是在生活方式上有點小改變而已（雖然這些改變也可能很重要），而是要改變自己心中的整套優先順序，好創造出所有人都能蓬勃發展的未來。這會需要大家培養出之前談過的三種心態，運用這些心態的特質，讓我們大刀闊斧創建新世界。

對於世界到底要走向何方、我們將迎來怎樣的未來，沒有人能夠真正控制掌握。然而，我們每個人都能夠投身這十項行動，訂出改變的方向，走向可再生的世界。

我們都像是織工，編織著華美的歷史錦緞。我們每次回顧過往重要的歷史時刻，總會覺得如果當時自己在場，一定也能夠做出高尚的選擇，不會畏畏縮縮、裹足不前。而現在正是我們的機會。下面每一項行動都需要你付諸實行，而且都是任何個人都做得到的事，例如：就只是說服他人嚴肅看待氣候變遷議題。我們希望等到你放下這本書的時候，你會瞭解，自己確實能促成重大的改變。

一心認定自己無能為力，其實就是對自己的縱容；而我們已經無法再承擔這種縱容的代價。

人類不能再縱容自己找藉口，認為應對氣候變遷完全只是國家、地方政府、企業、又或是某些人的責任。這項使命必須由所有地方的所有人共同承擔，無論個人或整體，都無法逃避。在你的生活裡，你可能有各種角色：父母、配偶、朋友、專業人士、有信仰的人、不可知論者。你可能擁有強大的財力，也可能囊空如洗。你可能是企業的董事，也可能正領導著某座城市、某個州省、甚至某個國家。但不論你是什麼角色，地球都需要你在自己的角色上發揮作用。

人人盡快投入行動

改變心態非常關鍵，但光是改變心態還不夠。我們要邀請你盡快投入行動。你可以先集中精力，從這十項行動當中，挑選一兩項開始。先挑選你最容易接受的領域，接著再自我挑戰，慢慢愈做愈多。

請注意，我們的討論只能指出大致的方向，點出在此時此刻我們認定關鍵的事物，但當然也還有許許多多其他可做的事情，也同樣都能帶來改變。[5] 放下這本書的時候，如果你已經決心參與這場旅程，大可做得比我們所說的更多。

對於我們在這一章開頭講的炸彈故事，你已經知道故事的結局了。我們當時就是得做該做的事，無論要付出怎樣的代價。我們知道，想要真正保護我們的孩子，唯一的辦法就是勇敢堅守崗位，完成這項保護全人類和地球的工作。地鐵站繼續營運，會議如常舉行。選擇這項行動當然有風險，但我們兩人都不後悔。而我們也希望在十年後，大家對於全人類共同的集體行動，也能有一樣的感想。

光是「做自己能做的事」的時機已經過去。

現在只要是該做的事，你我都只能義無反顧。

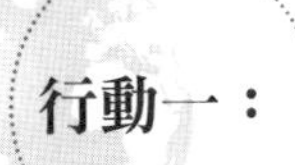

行動一：

放下舊世界

如果想要應對氣候危機，如果想要留下我們所珍惜的一切，如果想要在未來仍能維繫民主、人權、社會正義、以及各種得來不易的自由，我們就必須嚴拒那些可能造成威脅的事情。就是現在，我們必須大幅改變生活、工作與往來的方式。而想要成功，就有一些必須刻意去做的事。

第一，要尊重過去，但接著就要放手讓它離去。

化石燃料確實讓人類社會的發展大幅躍進，但也會對我們的健康、生態系與氣候造成嚴重破壞，現在該是放下化石燃料的時候了。有一些替代方案不但可行，而且更為安全。現在就讓我們表達對化石燃料的感謝，讓它們退休，而讓人類繼續邁進。

在今日還有許許多多必要的重大改變，也都是一樣的情形。我們已經知道，當前的能源、交通、農業形式，雖然是如今社會的基礎，但都是飲鴆止渴，必須從根本上有所轉變。

大家都會覺得改變很難。人就是喜歡抓緊已知、抗拒未知，就算新事物再美好也不例外。像是在英國反對陸上風力發電機的聲浪，就是很好的例子。雖然現在陸上風能是最便宜的能源（比煤炭、石油、天然氣、或其他再生能源都更便宜），[6] 但鄉間地主還是極力反對，一心想要維護現有的田園風光。而在英國保守黨（支持者有大半來自鄉間地區）2015 年上臺之後，就大幅刪減陸上風能補貼，並修改相關法規，讓新的風能發電量遽減 80%。[7] 一直要到現在，隨著英國民眾對氣候變遷的意識迅速提升，才讓對陸上風能的支持，開始超越對懷舊美感的依戀。

但也要小心，雖然我們必然需要做出某些改變，才能讓全球升溫控制在攝氏 1.5 度以下，但有些個人和產業會積極阻擋這些改變。這些人散播著恐懼和不確定性的種子，挑撥離間，試圖讓眾人陷入無益的互相指責。我們絕不能輕易屈服於這種阻擋。

有所改變的時候，人類就更容易受到部落主義及確定性的假象（illusion of certainty）所影響。在轉型成可再生世界的過程中，最大的風險之一就是政治的主流遭到挑戰，而民眾又受到極端民粹政客的空口承諾所誘惑。從歷史和各種早期跡象都可看出，我們未來就是有可能要面對這樣的新現實，眼見民主走向專制暴政。我們的生活方式，絕不能回到最初造成氣候危機的那種模式，但要踏向新的領域，就會對政治造成衝擊。而如今世界感受到的政治衝擊，還只是開始而已。

改變也可能引發責備。在這場關於氣候變遷的論述當中，有些人自以為站在對的一邊，對另一方語帶排斥或責備。在我們與氣候變遷的關係當中，責備已經成了一股強大的暗流，直接衝擊已開發國家、石油產業、資本主義、企業、特定國家，以及上一輩。雖然我們可以理解這份憤怒，特別是現在已無須再懷疑，就是有些企業為了能夠持續獲利，隱瞞了氣候變遷的真相長達數十年。[8] 在這些案例中，我們確實需要透過適當的程序，讓正義得以實現。

不要互相指責

然而光是責備，無法得到真正的好處。責備只會讓人覺得自己該得到補償，但實際上卻又得不到。我們有可能虛耗太多心力在責備上，數年都無法做出有建設性的事。歷史早有明鑑，人類一旦開始互相指責，就很難讓一切畫上句點。第一次世界大戰後，協約國對德國多所羞辱，將戰爭的全責推到德國頭上，並訂出將德國人壓到難以起身的天價賠償金額。歷史學家公認，這就像是鋪平了道路，直通二十年後法西斯主義崛起、爆發第二次大規模全球衝突。[9]

如果我們可以做到以下幾點，就能放下舊世界，並且克制住我們最壞的衝動：

一、關注自己的未來，而不是緊盯自己的過去。對於未來，培養出自己一套有建設性的願景，並且不顧一切堅持下去。能看清自己未來的目標，就不會害怕放下你所擁有的過去。

二、要更能克制對過去的依戀。要能瞭解並感受到這個世界本就無常，讓自己習慣不去依戀。許多人都有可能想要讓過去重現。但是歷史告訴我們，情勢劇變的局面下，懷舊的依戀就可能成為敵手的武器，讓我們無法專心於接下來該做的急迫事項；政客也可能利用懷舊依戀，來操弄人民的情緒，令我們默許他們做出不道德的事。

三、衝出自己的同溫層。我們如果無法充分理解和接受彼此內心深處的價值觀與合理的擔憂，就不可能在社會上做出重大改變。社會的某些階層，都有可能具有很充分的理由來反對改變；如果我們無法瞭解那些想法，對所有人都不是好事。例如在 2018 年，法國總統馬克宏曾計劃調高燃料稅，希望用這種方式來減少碳排放與空氣汙染。但他遺漏了一些人沒考慮到：有些人的生活本來就已經勉強只能餬口，要再增加通勤成本，對他們來說完全無法接受。結果就是燃起一場抗議的怒火，全然出乎政府的意料之外。這場法國的「黃背心」（gilets jaunes）運動，最後讓馬克宏灰頭土臉，撤回計畫。[10]

為什麼社會如此分化？有一部分原因在於：我們愈來愈被自己所消費的媒體類型所區隔。我們比較愛看的，都是與自己意見相同的內容，於是不斷強化自己想聽的、或是已經相信的觀點。而各種經過巧妙編寫的演算法，更是讓這種過程在網際網路和社群媒體上大大加速。[11]

這代表著，我們常常不知道其他人深深重視著什麼、又在想些怎樣的事。

請你走進現實生活，認識你的鄰居、雜貨店裡的人，又或是總和你同一路上班的人。挑戰自己先入為主的想法，也要小心各種的錯誤資訊和不實資訊。請常和別人**面對面**分享你的希望和恐懼，傾聽他人的心聲，而且要抱著誠懇與尊重的態度。

放下過去，讓未來有發展空間

1990 年，經過二十七年的囚禁，曼德拉收到時任南非總統戴克拉克的通知，知道自己不到二十四小時後，將重獲自由。隔天曼德拉走出了維斯特爾監獄，也走出了另一段歷史。過程中，他得走過監獄的操場，接著就是個自由的人了。他後來回想，知道如果在走出外牆之前，自己都無法原諒那些把他抓入監牢的人，應該就再無原諒的可能。於是，他選擇了原諒。

但是這並不代表他忘了這些事。他後來成立的真相與和解委員會（TRC），在結束種族隔離後的南非，發揮了重要作用，幫助南非放下過去。真相與和解委員會讓過去曾受到暴力對待的受害者，都能有個正式場合說出自己的遭遇。此外，曾經的暴力加害者也能透過作證、講出發生的事，請求得到赦免。曼德拉的成就和他建立的這套程序，大大協助了南非轉型成另一個完全不同的國家。

放下過去，才讓未來終於有了發展的空間。

而我們也必須放下那個由化石燃料主導的過去，且別想著要再多加指責。這種放手的過程非但必要，而且必須是刻意為之。我們愈努力放下舊世界、帶著信心邁進未來，就能對前景愈為堅定。

行動二：

勇敢面對悲傷，更要展望未來

我們所記得的春夏秋冬、雨季乾季，子子孫孫已經難再體會。只要是超過五十歲的人，應該都能感受到自己童年時的天氣與如今大不相同。冰川與湖泊正在迅速退縮，[12] 海洋也被塑膠塞到窒息，融化的永凍土中，正浮現出古老的骨骼與疾病。[13] 隨著天氣與景觀以我們可見的速度發生改變，各種原本代表大自然節奏的標記逐漸消失，我們對世界的理解方式也逐漸瓦解，一切變得不像過去那樣理所當然。

看著生物多樣性喪失，看著後代子孫必須過著的貧乏生活，我們難掩哀痛。面對這種新的現實，我們必須真正從骨子裡徹底有所感受。只要不去逃避，有意識的直接面對、見證這一切，就能帶來力量；而且可能與直覺相反的是，如果打從內心接受了現實，有可能會讓我們感覺好過一些。

除此之外，我們仍然需要展望未來，專注在那些我們仍然有機會創造的事物。未來會出現的改變，會比現在已然經歷的一切更叫人頭暈目眩；除非我們能看清未來的去向，否則很容易就會迷失其中。我們如果想對這個現實負責，就必須鼓起一切勇氣，面對不確定的未來。為此，我們必須好好想清楚，為什麼需要打起精神、投入承諾，來面對這一刻。

多年來，世界各國都希望能達成氣候變遷的全球協議。整件事變得無所不包，到頭來，這項挑戰本身與一開始的原因變得融為一體，讓大家開始把「談成全球協議」當成了願景本身。雖然談成協議確實很重要，但這只不過是為了達到願景的階段性目標。而真正的願景，不論過去或現在，都是要「打造出一個可再生的世界」，讓人類和大自然都能繁榮興盛。

懷抱願景，靈活應變

願景與階段性目標確實很容易混淆。階段性目標只是在實現願景的過程中所訂的里程碑，也包括其中使用的策略和計謀。階段性目標雖然也很重要，但我們還是需要有真正的願景，能讓我們有足夠的決心與能量，度過未來艱難的歲月。如果沒有願景，只有相對呆板的階段性目標，過程中或許就難以靈活應變。

而且，如果我們沒看到大局，只想著怎麼完成眼前的進度，就算在最順利的時候，也可能讓整體進度拖拖拉拉，而在不順利的時候，更可能是多頭馬車互相牽制。

然而，對於一心急著想要有所行動的人，要他們專注在願景上，可能會被批評是不負責任、脫離現實。特別是我們已經陷在今日的種種問題當中：日漸極端的天氣狀況，讓許多社群癱瘓；

貧富之間出現難以跨越的鴻溝；貪婪的跨國企業只想著短期獲利而不在意長期價值；政治領導人總是挑起國際間（以及國內）的紛爭。此時再談願景，顯得就是天真而一廂情願。一邊是一個更美好世界的願景，另一邊則是要透過實際而協調的行動來達成，兩者之間有時看來就是具有無法跨越的差距。

雖然願景是必需的，但我們還是得用開放的態度，接受新的做事方法。所以雖然一方面要堅持自己的願景，但另一方面也要保持彈性，能夠改走各種其他路線，來抵達目的地。路線可能會視情況而改變，但願景就像是永遠固定的北極星，既是指引、也是目的。

一、以根本的「原因」為出發點。就算願景看來不太可能達成，就算過程看來必然充滿艱辛，你也還是有可能繼續勇敢追求願景。

想想在這本書開頭所提出的兩種可能的世界，或許你會覺得已經來不及扭轉局面了，願景注定無法達成。雖然這種判斷不能說是不理性，但如果這樣就認為，已經沒有理由要打造更美好的未來，這就是不理性了。你需要讓自己保有固執的樂觀，做為你每天的動力；永遠都要記得，是什麼原因讓你覺得要為那樣的未來而努力。無論你要以什麼方式對抗氣候變遷，都必須記得這種根本的原因，做為你背後的動力。

二、想像力絕對必要。你可能以為種種意識型態及整個世界的組織方式根深柢固，但事實上，絕對比你想像的更容易大受撼動。艾米琳・潘克斯特（Emmeline Pankhurst）等人的婦女參政運動只用了十幾年，就讓英國政府給予婦女投票權。[14] 前蘇聯表面看來堅不可摧、永世不朽，但在開始出現裂縫之後，整棟大樓短短幾個月就轟然傾頹。[15]

1939 年於紐約舉辦的世界博覽會上，通用汽車公司（General Motors）曾向參觀者展示了他們想像中的未來世界。這項宏偉的城市願景命名為 Futurama，有許多高樓大廈、廣闊的郊區，以及連結各地的寬廣高速公路；而有了路、自然就少不了車。[16]

現今的城市已蔓延占據地景，而如果我們想讓城市更適合人居住，就必須不斷發揮想像力。有些未來學家預測，大約再十年的時間，就會因為自動駕駛、共享車輛、隨需供應的電動車開始普及，使得路上真正需要的車輛數量大減 80%。[17] 這樣一來，就能讓許多現在用做停車場的城市空間，得以釋出。

像是在倫敦，或許能讓目前用於停車的空間釋出 70%，相當於五千座運動場，而這些空間就能用來種植食物、復野，又或建造可永續的住屋。[18]

有很多我們以為會永遠存在的事，存在的時間比我們想像的要短暫許多。雖然有時候會覺得某些想像太過天真，但千萬別低估了天馬行空的力量。歷史已一再證明，只要在真正需要新事物的時候，社會總能將看似不可能的幻想，轉化為具體的現實。

三、密切注意後續將發生的事。有些時候，我們會覺得自己就是在走向失敗。不論得到多少進步，還是會看到環境和社會繼續惡化。總有人會因為氣候變遷而失去生命，總有些現在人們賴以為生的土地會變得不宜人居，總有一些物種終於滅絕；這一切都會造成真實的哀痛，而且我們也確實需要這份哀痛。讓我們為這份哀痛留下足夠的時間和空間，並且尋求自身所在社群的支持，這兩者都至關緊要。我們不能、也不該逃避這份痛苦，但這種心碎的感覺應該是要讓我們奮起努力，而不是陷入責備或絕望的泥沼。

作家瑪雅・安吉羅（Maya Angelou）說得好：「你可能會遭遇許多挫敗，但絕不能一蹶不振。實際上，遭遇挫敗有可能是必要過程，會讓你知道自己是誰、能從哪裡成長、如何浴火重生。」[19]

一個動人的願景，就像是未來的一個勾子，能勾住各種裝滿未來可能性的口袋，把它們拉到現在。你可別輕易鬆手。得到某項你知道可行的未來世界願景之後，就要堅守那項願景。這樣一來，就不會認為我們無力解決所面對的難題。

金恩博士 1963 年 8 月站在林肯紀念堂臺階上的時候，美國種族關係的前景令人憂慮。短短幾個月前，阿拉巴馬州州長喬治・華萊士還站在該州議會大樓外，聲言：「現在要隔離，明天也要隔離，永遠都要隔離。」為了執行隔離政策，警方還放狗和用水炮攻擊抗議群眾，群眾當中甚至還有才六歲的孩子。當時就連支持公民權利的人，也覺得改變實在太遙不可及，整個運動毫無希望。就在這種情境下，金恩博士那篇〈我有一個夢〉的演講，就像在黑暗當中出現一道光芒。他當時並不知道究竟能怎麼做，但他堅守著自己的願景：有一個社會，能讓所有人不分種族而得到平等的對待。金恩博士的堅持推動了隔年《民權法案》的通過；就算金恩博士過世了，這項願景依舊長存，激勵了世界各地的平權運動，也讓非暴力抗爭成為政治抗議運動的基石。[20]

一個能更加積極運用願景與想像力的世界，絕對會比現在更加充滿活力、靈感與歡樂。在這千絲萬縷難以理清的時代，我們常常感嘆沒有哪位全球領袖為我們點出道路、提供指引。領袖人物當然很重要，但我們所有人都必須相信：世界確實值得拯救，而且我們絕對可能打造出一個可再生的世界。

想要解決這個問題，不能光是期望由現在的民主制度為我們找到開明的領導者。雖然有這種可能性，但我們不能把人類物種的存亡，全託付在一味相信自身派系、各方陣營涇渭分明的選民手中。而是不分男女老少，人人都須抱有一項強烈的願景，相信我們將迎向美好的未來。

行動三：

捍衛真相

《格列佛遊記》作者史威夫特（Jonathan Swift）在三個世紀前寫道：「謊言腳步如飛，真相只能蹣跚趕追。」[21] 事實證明這實在是個精準的預言。麻省理工學院最近的一項分析顯示，在推特上，謊言傳播的速度平均比真相快上六倍，而且真相的滲透率永遠比不上謊言。[22] 社群媒體，就是謊言生產與傳播的引擎。

這會對我們的社會造成嚴重影響，特別是會削弱我們團結起來、應對複雜長期威脅（如氣候危機）的能力。在這個「後真相時代」，對科學的詆毀成了一種流行。

科學方法的結構開始分崩離析，客觀性的概念遭到攻擊。也有某些政治領袖不再與客觀事實站在一起。社群媒體的興起，讓這些領袖大有機會得以掩蓋事實。像這樣往主觀性靠攏的趨勢，成了壓迫與暴政的溫床。所有人都必須堅定負起責任，辨識並抵擋這種對真相的攻擊。否則若是這種趨勢再繼續，我們就會永遠失去扭轉氣候危機僅剩的一小扇機會之窗。

無論在歷史上任何時期，領袖人物從來都不是全然誠實；但在如今的政治舞臺上，謊言已經來到另一個境界。

人類就是容易受到後真相世界的影響，這點其來有自。我們的天性，似乎就是會傾向去確認自己相信的事，而不是去尋找客觀真相的證據。[23]

證實自己的想法，能夠令人愉悅，只要有人能提供我們這種感覺，我們總會湧出正面的情感。於是，如果有哪位領導者能夠肯定我們的想法，說疫苗會造成自閉症、說氣候變遷就是謊言、說我們相信的事都是真的，我們就會感到飄飄然。這種現象早有許多人研究與記錄，名為**確認偏誤**（confirmation bias）。[24]

氣候變遷會造成災難，而且是大量的災難：大城市遭到洪水侵襲，島嶼被海面上升淹沒，移民潮開始湧現。在這些極端脆弱的時刻，擁有獨裁本能的領導者會想要抓緊機會，鞏固自己的權力。面對複雜的氣候危機，民粹專制的統治者不會打算找出長期方案來解決，而是一心想找個對象來頂罪。但我們絕不能允許他們再玩弄即將來臨的災難，使慘劇更烈，並對所有人造成傷害。

為了捍衛真相，我們該做的事情包括：

一、放開心胸。到頭來，在這個後真相的世界，每個人都該對「自己相信了什麼」負責。當然，這個問題與氣候危機並不直接相關，但要是我們連已經確認的基本事實都無法達成共識，真要涉及重大事項，就難以有任何行動；而氣候變遷更是重大事項中的重大事項。

氣候變遷的現實，終於激起群眾的憤怒，讓人走上街頭。只要社會堅守著重視客觀真相的原則，民主制度就不可能長期抵擋人民的聲音。我們必須刻意自我反思，質疑自己的各種選擇是否都經過仔細思考，是否輕信了那些不會挑戰自身立場的資訊。

舉例來說，光是你現在正在讀這本書，就可能證明了你的某種確認偏誤。請注意看看，自己是不是總想相信你所同意的政治人物，也不想相信那些你不同意的政治人物？請努力讓自己去試試那些自己不習慣的思考方式。跳出既定的思考模式，就是維護我們集體自由的一種根本舉動。請讓自己成為「跳出既定思考模式」的能手。

二、學會區分真科學和偽科學。哈特蘭研究所（Heartland Institute）是一個由美世家族基金會（Mercer Family Foundation）提供部分資金的保守派智庫。2017 年，哈特蘭研究所向全美三十萬名教師寄送了製作精美的氣候科學教科書。這本書原本是鎖定政策制定者，於 2015 年巴黎談判期間出版，書名訂為《為什麼科學家不相信全球暖化》。書裡開頭就寫著：「在關於全球暖化的辯論中，大家可能最常重複引述的說法，就是『97% 的科學家相信』氣候變遷是人為而且危險的。然而這項聲明非但錯誤，甚至光是在辯論裡提出這種說法，就是對科學的侮辱。」

於是，這本只說是由「許多傑出氣候科學家」所撰寫的教科書，就這樣寄給了全美教師，還附上一封信，鼓勵教師在課堂上使用這本書和書裡附上的 DVD。哈特蘭研究所希望推翻既成的氣候科學，呼籲民眾不要相信「聯合國政府間氣候變遷委員會」（Intergovernmental Panel on Climate Change, IPCC）的科學建議，而是要「從獨立、非屬政府的組織與科學家那裡尋求建議」，認為這樣才「沒有財務與政治利益上的衝突」。

對於收到了這本書的某些人來說，其實很難判斷這究竟是真科學還是偽科學，也不確定這本書的作者到底是不是傑出的氣候科學家。事實上，該書作者之一曾任職於皮博迪能源（Peabody Energy，一家已破產的煤炭巨頭），擔任環境科學總監，擁有地理學的碩士及博士學位，而非氣候科學的學位。他的資歷之一，正是「非政府國際氣候變遷委員會」（Nongovernmental International Panel on Climate Change, NIPCC）報告的主要作者，可以看到 NIPCC 這個名稱與聯合國的 IPCC 有多麼相似、又多麼令人困惑。而 NIPCC 其實就是由哈特蘭研究所出資的一項專案。

有許多教師立刻看出這本教科書根本不科學，只是在散播謠言；但也有些教師沒看出來，於是在課堂上用了這些材料，這將會大大影響他們的學生。

這件事給了我們一個很好的教訓：就算某份文件看起來「很正式」、製作精美、也是由真正的科學家執筆，還是應該謹慎檢視文件的內容。所有人都必須再付出多一點的努力，判斷自己的觀點究竟是基於事實或虛言。好好檢視自己資訊的來源，如果有必要，甚至該去追蹤資金的來源。無論是氣候科學的聲明、報告或文章，只要有疑問，就該找出研究背後的資金來源。

另外，也要看看該項研究是否得到優秀大學或知名學術機構的認可，最簡單的辦法就是瞭解該研究是否通過**同儕審查**（peer reviewed），也就是由該領域的其他專家審視並評估。舉例來說，IPCC 關於升溫攝氏 1.5 度的報告是在 2018 年 10 月發表，由來自四十個不同國家的九十一位作者及審查者合作而成。

多數主流報紙也會有類似的編輯規範，要求消息來源必須經過同儕審查或是類似標準，以確認可信度；但不論誰背書認可，永遠都值得自己再做一次確認。

三、別放棄那些不相信氣候暖化的人。隨著我們愈來愈進入後真相的世界，「追求真相」與「堅守意識型態」兩者的落差所造成的隱憂，對每個人來說都日益嚴重。某些人雖然可能較喜歡某種觀點，但更渴望得到真相；也有些人就算事實已擺在眼前，還是會盲目堅守自己的觀點。

後面這一種人等於是已經離開了事實能有所作為的領域。現在許多人甚至是待在家裡，就能感受到這種情形。對於壓根就不相信氣候暖化的人，光是提供事實和證據，並不足以改變他們的想法，所以你再怎麼提供數據與資料，也無濟於事。

想要打動這種人，唯有靠著你真誠的聆聽、努力瞭解他們的擔憂。用體貼、照護與關愛的心，才能對抗那些造成我們分裂的力量。

驅散由錯誤資訊構成的迷霧

對於那些在柏林圍牆倒塌與 911 事件之間成年的人來說，現在的世界確實有點令人摸不清頭緒。在過去那些日子裡，我們似乎比較知道人類會如何進步。而有些人也就緬懷著那種似乎更簡單的過去，於是在某些領導者號稱要回歸過往（而非專注未來）的時候，對這些人就特別有吸引力。

我們將面對的未來，必然會與現在有所不同、複雜難懂，而且社群媒體這個神燈精靈已經放了出來、再也無法把它關回去。人類如果還想控制住這個由自己創造出來的怪物，唯一的選項就是一切依照真相事實來行事，別無他法。

如果我們想要團結應對氣候危機，阻止目前愈來愈多物種加速滅絕的趨勢，就必須負起責任，永遠捍衛氣候變遷這項無可爭議的真相，永遠直視氣候變遷會造成的後果。我們都該為自己相信為真的事情負責，也該在真相遭到攻擊時起身辯護。對於各種會形塑我們的想法、意見與行動的資訊，如果我們能堅持批判性的思維，最後必然能成功拆穿所有的假資訊，特別是會影響我們如何應對氣候變遷的假資訊。而等到這成了習慣，我們更熟悉如何判斷真假，就能驅散目前這種由錯誤資訊所構成的迷霧，也讓我們更能避開在日常生活中的種種干擾。

如果我們能這樣護衛、並推進基於事實的現實，就能更清楚看到我們所期盼的可再生未來，而過程中的道路也將更為清晰。

行動四：

把自己視為公民，而非消費者

南印度有一種抓猴子的陷阱，十分巧妙，但也十分殘酷：把椰子綁在地上，挖個足以讓猴子的手伸進去的小洞，再丟進一個甜飯糰。猴子聞到椰子裡的飯糰香氣，就會把手伸進洞裡、抓住飯糰，但因為洞太小，一旦握緊了拳頭，手就再也拔不出來。此時，猴子的本能是緊緊抓住飯糰，真正困住牠的是自己的直覺本能，而不是身外的任何束縛：只要牠放手，就能重獲自由。

這正是我們與消費（購買、使用與丟棄）的關係：我們知道消費行為把我們困住了，但這又已經深深融入我們的心理，幾乎成了一種本能，於是無法放手。

我們會購買各種東西，多半都是要提升自己的認同感。各種品牌的服裝、肥皂、餅乾、電視和汽車，在設計的時候都是以「部落」的心理為出發點，這些消費產品企業無不精心設計種種特性，以賣出產品為目標。「身分認同」和「消費」的距離不斷拉近。舉例來說，英國人每人每年平均要購買塞滿一整個大行李箱的衣服，大概是洗衣機要分五次洗的量。[25] 會買這麼多衣服，主要是因為每一季的時尚都會改變。而這些循環也就逼得我們會定期清一清衣櫃，再次跑去排隊瞎拼，等著買回更多的衣服。

然而，時裝業的碳足跡極高。紡織業是汙染的第二大來源，僅次於石油產業，給大氣帶來的溫室氣體量，甚至超出了所有國際航空及海運的總和。據估計，時裝業占全球二氧化碳排放量高達懾人的 10%，[26] 而隨著我們對快時尚的消費增加，相關碳排放也將迅速成長。

經濟要成長，就得靠著我們不斷消費。1920 年代，部分美國人擔心接下來新的一代會覺得自己的需求都已經得到滿足，因而不利於經濟成長。1929 年，胡佛總統的「近期經濟變化委員會」（CREC）下了一個結論：必須用廣告來創造「新的需求，並且在需求得到滿足的時候，以同樣的速度再換成無窮無盡更新的需求。」[27]

如今，消費產品企業會投入大量資金，確保我們一直待在這樣的消費循環當中，相關的行銷與廣告預算直衝天際。在 2019 年的美國，美式足球超級盃期間（這是電視收視率最高的體育賽事之一），30 秒的廣告時間就要價超過五百萬美元。[28] 單單 2018 年，亞馬遜（Amazon）這個線上商城就從廣告銷售取得一百億美元的驚人收入。[29] 在這個充斥著消費與快速消費主義的世界，每年的廣告支出超過五千五百億美元。[30]

而且有數十億種產品的設計，就是刻意等著要被淘汰，要在我們努力取代掉這些產品的同時，刺激更多的經濟成長。各種拋棄式的塑膠產品，就是其中的典型。這種刻意要等著被淘汰的設計，已經成了幾乎所有消費品的標準。有些產品的保固很少超過三年，是因為只要過了這段期間，產品也就差不多要壞了。而且很多時候，想更換零件還比直接買新產品更貴。軟體的更新版本無法安裝在型號過舊的電腦上，於是你也只能換掉舊電腦。這份令人沮喪的清單幾乎沒有盡頭，以致各種修補、修理、修復的技藝就這樣逐漸消失。

在全球經濟中，供應鏈常常是伸向全球各地。每條供應鏈都代表著一個不同的生產階段，常常會由不同的公司執行。像是你的智慧型手機，就可能是先在玻利維亞開採所需的貴金屬，最後產品則在中國完成組裝和包裝。因此，講到某些大企業的時候，很難說供應鏈的哪些階段採取了可永續的做法，又有哪些階段是造成氣候變遷的兇手。

而我們可以做什麼呢？

一、取回你對「美好生活」的定義權。現在普遍是將消費主義做為美好生活的定義：不論是手機、服飾或是汽車，都要不斷追求無盡的升級。然而，像這樣為了追求滿足感或歸屬感而購物，有可能只會上癮，最後非但無法滿足需求，反而還對自己的身分與生活方向產生自我懷疑與困惑。[31] 無論對於任何類型的產品或品牌，一旦將自己定位為它的消費者，就暗示著消費該產品能夠滿足我們的需求，但這也暗示著一種被動。

消費主義令我們陷入一個思路陷阱，以為能夠「買到」自己的人格個性。此外，這還會吞噬我們的心智空間，讓我們對世界的觀點過於狹隘，更會讓我們的價值觀與身分認同，變成是建立在「製造了多少垃圾」的基礎上。心理學研究顯示，大眾消費會在我們的生活中造成一個愈來愈大的空缺，令我們只能一直勉力填補。[32] 每當我們有意無意的透過購買，來鞏固身分認同，都是讓大眾消費的引擎不斷加速，也是讓我們與氣候災難更加靠近。

雖然現代文化總將我們推向盲目的消費主義，但我們可以刻意把自己拉回來，強化心理紀律，抗拒消費主義的衝動。當然，我們也可以改變消費習慣，**用錢投票，唯一支持永續產品**。

另外，我們也可以改變自己身為消費者的身分認同，重新建立自己與物質主義的關係，讓自己從廣告的影響中釋放出來——既是一種解放的體驗，也可以視為一種激進的政治行動。

二、做個更好的消費者。短期而言，只要在系統內改變自己的消費模式，就能讓事情有所改善。你每次的消費，就會有不同的意義。你可以選擇購買高品質、有機棉的衣服，耐用到可以變成傳家寶；你也可以選擇購買廉價、簡直是拋棄式的衣服，穿了幾次之後就變成垃圾。如果你能夠用錢投票，在選擇要購買哪些產品的時候，請用更多事實做為依據。想知道某家公司是否值得選擇，就去看看它是否公開表達了自己的價值觀，是否承諾要為永續性而努力，而且是否加入了某些認證組織，能夠證明它確實恪守承諾。消費者若採用這種做法，將能夠擁有巨大的影響力。

用你的錢來投票。而且更重要的是要減少浪費。讓我們遵守老派的智慧：減用、重用、再利用（reduce, reuse, recycle）。每次需要買東西的時候，都該做出有根據、有見識的選擇。

三、讓我們從物質走向虛擬。想想我們是怎麼從黑膠唱片、卡帶和 CD，走向下載或串流音樂。現在科技能在許多地方派上用場，無須實物，也能享受過去由實物提供的服務。

少即是多。在不久的將來，有可能連「擁有自己的車」也不再是主流的選擇；交通運輸可能主要由共享車輛提供，有可能是自動駕駛，而且必然是電動。[33] 總有一天，消費者有可能不再認為自己是產品的擁有者，而只是服務的使用者。例如，Airbnb 是全球最大的過夜住宿供應商，但是 Airbnb 名下並沒有任何飯店建物；Uber 是全球最大的個人交通服務供應商，但 Uber 名下也沒有任何汽車。[34] 從「擁有」到「使用」的概念轉變，將會從根本上改變我們與消費主義的關係。如果我們可以投入這種轉變、歡迎這種轉變，就能幫助讓進程更快速。

知足常樂

有個「快樂的漁夫」的故事，雖然有各種版本，但最早是由作家保羅・科爾賀（Paulo Coelho）讓它變得廣為人知：有個開心而知足的漁夫，抓到幾條大魚之後，在自家小漁村的海灘上悠閒休息。這時走過來一位商人，看到他抓的魚，於是問漁夫花了多久時間捕到那些魚。漁夫說沒花他多久，而商人就問，這樣的話，為什麼漁夫不花更多時間在海上，不就能抓到更多魚了嗎？漁夫說，自己抓的魚已經足以養家餬口，還能讓他抓完魚之後，就回家和孩子玩、和老婆睡個午覺，晚上再去和朋友喝酒聽音樂。

商人建議漁夫，說自己可以借漁夫一點錢，讓漁夫變得更成功。他說漁夫可以多花一些時間來捕魚、買一艘更大的船，再捕到更多的魚，把魚賣掉就能賺到更多錢。接著漁夫還可以再把多賺的錢拿來買更多船，最後成立一家大型捕魚公司。總有一天，這家捕魚公司還能正式上市，這樣漁夫就能變成百萬富翁了！

「那又怎樣呢？」漁夫問。

商人很得意的說，那漁夫就能退休啦。這樣漁夫就能過著自己喜歡的日子：早上釣魚，再陪孩子玩，再跟老婆睡個午覺，晚上跟朋友一起喝酒聽音樂。

有人說，生活中最重要的都不是實際的物品。如果我們能像科爾賀所說的漁夫那樣，學會怎樣叫做已經「足夠」，就有可能放下消費與擁有的心態，並且有意識的避免各種造成這種心態的力量。我們能夠開始意識到，要是用不同的方法來看待生活，就能提升感到快樂的能力，而我們對地球的消耗也能大幅減緩。

行動五：

超越化石燃料

認為我們永遠不可能不運用化石燃料，其實是心理上對過去的依戀。我們必須放下這種執念，相信就算沒有化石燃料，人類的未來也能繁榮昌盛。打破過去的心態，才能讓我們把想法、資金與基礎設施，真正投注到新能源上。

化石燃料公司正在刻意減緩這種轉型的速度。由於化石燃料存量仍豐、也仍然占據目前的能源大宗，這些公司的力量呈指數成長，影響既深且廣。

雖然新法規試圖扭轉經濟型態，不再依賴化石燃料，但許多相關企業仍然繼續投入大筆遊說資金，希望削弱這些新法規。[35] 只不過，也有些產業高層希望解決這種問題，推動業務轉型。根據我們在第一線的瞭解，這些人確實是真心誠意，但這件事並不好辦：要是轉型太遠、太快，會使得商業模式動搖、引起投資人不滿；要是轉型得太慢，又有可能在未來使得企業的價值崩潰。有些業者則開始玩起了危險的等待遊戲，希望自己能成為「最後那一個」，巴望著其他業者陸續離開化石燃料市場，自己就能繼續獲利。

幾乎所有國家的政府都還在對化石燃料進行補貼。雖然化石燃料業可能有各種說詞，但他們就是得到政府的大力支持。全球政府每年大約會投入六千億美元，刻意使化石燃料的價格維持在低檔。[36] 這種補貼的數字，足足是再生能源補貼的三倍。[37] 雖然各國政府號稱支持再生能源，但在他們停止補貼化石燃料之前，社會走向再生能源的進程就是會停滯不前。

往「無碳經濟」轉型

英國央行總裁馬克．卡尼（Mark Carney）有句名言，認為除非我們能夠從今天以化石燃料為基礎的經濟，平穩的轉型為未來所需的無碳經濟，否則總有一天會「突然落入困境」，[38] 也就是高碳資產的價值會突然大幅下降。卡尼呼籲，我們應該不惜一切代價，避免陷入這種困境。

如果考慮到當代經濟有多高的比例是以化石燃料為基礎，應該就不會對卡尼的預測感到驚訝。要是我們還不斷耽擱轉型，等到哪天危機爆發，無論是產業、公司或政府，都有可能突然破產或是蒙受巨大損失。

一旦我們像這樣突然落入困境，所有人都無法倖免。目前，各國政府還需要化石燃料的稅收來維持運作；許多退休年金都投資在化石燃料或是相關產業；而金融服務牽一髮動全身，只要某部位價值大跌，就會迅速影響許多其他看似無關的部位。要是真的出現這種情況，2008 年的金融危機有可能還只是小巫見大巫。

有鑑於此，雖然從化石燃料經濟轉型為無碳經濟迫在眉睫，但必須有規畫、有紀律，不能是一時恐慌而貿然進行。2017 年，多位央行總裁就成立了「綠色金融合作網路體系」（Network for Greening the Financial System, NGFS），共同關注氣候變遷如何影響全球的貨幣穩定。[39]

未來經濟型態大不相同之後，各國與各企業可能表現如何，現在也已經有愈來愈多相關的金融研究與資訊，有助於投資人評估風險。而像是評估企業與國家風險的權威機構——穆迪公司（Moody's），就收購了評估氣候變遷實際風險的 RiskFirst 公司。[40] 投資人也正在重新配置資金，遠離所謂的「擱淺資產」（stranded assets）。市場因此有所變動，也已經引起企業領導者的注意，但程度與速度都還有必要再加大。

一、支持 100% 的再生能源。過去的幾年間，再生能源發電量大增。到了 2023 年，再生能源可望提供電力需求的 30%；到了 2030 年更可望達到 50%。[41] 企業界正在引領這個趨勢。包括知名的蘋果、宜家、美國銀行、達能（Danone）、eBay、谷歌、瑪氏食品（Mars）、Nike、沃爾瑪等公司，共有近兩百家企業，都已經以 100% 的再生能源做為電力來源，或者正往這個方向邁進。[42]

在歐洲和北美，有 75% 的民眾支持政府大力推動採用 100% 的再生能源來發電。[43] 而為了讓再生能源成為新的現實，需要有政治領袖與位居要津的人士，從整個體制層面來推動。這些領袖所展現的是選民的意志，所以在我們投票的時候，就請慎選支持清潔能源的候選人。

今日握有權勢地位的人，如果希望維持人民公僕的形象、真正做為人民的代表，就必須對未來有更清晰的願景。而我們必須以手中的選票，獎勵那些具備真知灼見、又能勇敢前行的政治人物。

我們之所以對淘汰化石燃料充滿信心，是因為不過短短幾年前，還絕對難以想像太陽能和風能會有如今的發展速度與規模。過去十年間，太陽能板的成本就大降了 90%；目前在全球大多數地點，再生能源的價格已經和煤炭不相上下，也逐步趕上天然氣的水準。[44] 而在陸上與離岸風能也有類似的情形。太陽能和風能發電需要有儲電裝置做為調節，儲電相關科技正在迅速發展，逐漸能夠符合成本。

隨著成本下降，已經開始出現創新思維，想像未來的電網如何運作。更具智慧、相連程度更高的電網，已經逐漸成形。

二、制定一個有時限、雄心勃勃的計畫。我們只有十年的時間，必須將全球的碳排放量減半；接著也只有最多再二十年的時間，必須達成淨零碳排放。這項壯舉雖然必須由業界及國家政府負起領導的重責大任，但人人都可以發揮作用，減少自己的碳排放。要是我們能夠想清楚、為所應為，時間就綽綽有餘。[45]

目前我們必須要集中注意力，在接下來的十年內，將碳排放減少 50%。雖然這裡講的是全球的數字，但是要達到這點還有另一種方式：如果是排放量遠超過平均數值的人，減排量就應該要超過 50%。所以，請讓我們以減排至少 60% 為目標。畢竟人們往往會高估自己一年內可以做到多少，而又會低估自己十年內可以做到多少。

節能減碳，從自身做起

要是你在十年後，比起現在減少了 60% 的化石燃料使用量，你會是過著怎樣的生活？我們目前的碳排放，多半是來自於搭飛機、開車，以及房屋的冷暖氣。而罪魁禍首往往是那些貴到難以割捨的物品，像是汽車、冷暖氣設備之類。只要你一買了車，就會想開；就算你可能打算少開一點，但減少的幅度必然有限。所以，請考慮在未來十年內改開電動車。電動車的能源效率和行駛距離正不斷改善，再加上售價變得較便宜，購買方案也有各種創新，使得電動車已經成為愈來愈可行的選項。現在就算是普通的車款，一次充電也已經能夠行駛大約 400 公里，而且充電站也已經比過去更為普及。[46] 也有些人可能考慮除了車子以外的選項，甚至是乾脆不買車，這些選項的可行性也已經愈來愈高。

至於說到房屋的冷暖氣設備，應該可以預計未來能透過電網購買再生能源，而且在自家就能發電。如果說想要一次就做好房屋的隔熱，並且轉換為使用電能，似乎會是個太大的工程。所以請讓我們一步一步來。第一步是好好檢視自家的能源使用，找出哪裡在浪費能源、哪裡的能源效率低落。這樣一來，就能確認該先從哪裡開始能源升級。你可以先從比較便宜的項目開始，循序漸進，例如再過幾年，就可以淘汰掉很耗電的舊冷氣機。這樣一來，慢慢的，你不但能省錢，也能減少碳排放。

如果你是住在比較富裕的國家，有可能減少最多碳排放的方式就是少搭飛機。世界最美妙的一點，可能正在於我們能夠造訪各個不同地點，進行文化交流、感受各種讚嘆。光是有能力負擔機票，讓自己花上十小時就抵達世界另一端，已經是一種無比的特權。要是你喜歡旅遊探險、商務旅行、出國探親，要放棄飛行肯定並不容易。

全世界只有 6% 的人曾經搭過飛機。[47] 如果你是其中一位，就應該再想想自己的需求、制定對應的計畫。或許你會決定從此不再搭飛機，這項決定絕對值得我們為你鼓掌。就算今天的你還做不到，你還是有一些別的選項，多少都能有所貢獻。舉例來說，你可以決定再也不為了度假而搭飛機，也可以決定只要是 800 公里以內的距離就改搭火車；又或是限制自己每年搭飛機的次數，或者改用視訊會議，減少出差次數。

無論採用哪種方法，如果想在 2030 年減排超過 60%，航空運輸都是必須解決的關鍵問題。然而，不論是航空問題或是其他問題，都不該讓我們對改變感到恐懼。想到生活方式可能需要改變的時候，或許會讓人感覺害怕，覺得即將失去什麼寶貴的東西，但事實正好相反。雖然我們可能會想抗拒改變，但就現況而言，我們浪費資源的速度與規模，本來就不是多數人所樂見。如果我們能好好做出改變，保護那些我們真正關心的事物，生活就能過得更有意義，而這也常常就能令生活品質有所提升。

請你親身嘗試吧，看看效果如何。

行動六：為地球復育森林

我們必須選擇的未來，會需要我們更重視與大自然的連結。古老且生機盎然的森林林分（stand），其實是人類生存不可或缺。而在土壤養分已經日益枯竭的當下，如果還一心只想著如何榨取更多的產出，人類無異於自取滅亡。要是還希望人類能夠長期繁榮發展，就必須找到適當方式使大自然恢復再生，如此一來既有益於大自然、也有利於人類。

我們從自然界所取用的資源，不應高於維持生命所需的最低限度。目前，我們仍有可能在全球實現這種平衡的目標，而且可以讓這個目標就在我們這一代手中完成。

森林能夠創造出適合林木發展的環境，可以說是一個能夠自給自足的系統，向天空釋放出水氣，產生雲層和降雨，再將水分帶回整座森林的每個角落。微小真菌在地下的菌絲體也會形成龐大的網路，綿延數千公里，將樹木連結起來，共享養分。土壤也會不斷積累，為未來世世代代的樹木打下豐饒的基礎。

然而，這種共生關係也會讓森林變得脆弱。一旦整個系統遭到破壞或孤立的部分太多，開始難以互相連結，整個系統就可能突然崩潰。到頭來，如果壯闊的森林在地球上消失，很有可能情況會像是國家、公司或個人經濟破產的情況：一開始速度很慢，但接著就是轟然傾頹。

少砍樹，多種樹

自從農業時代開始，人類已經砍伐了大約三兆棵樹，占地球樹木總數的一半。因此和原本自然的狀態相比，地球的陸地已經有半數嚴重退化。單單在 2018 年，就有一千二百萬公頃的森林遭到夷平，相當於每分鐘就少掉三十個足球場的面積，其中又有三分之一是原始雨林。[48] 要是情況再這樣繼續下去，不到幾十年，森林就會被毀滅殆盡。就算我們成功避開這種命運，未來的子孫回顧如今，也必然會大感驚駭，我們竟然如此接近危機的邊緣，如此愚蠢的幾乎失去了所有森林。

幾乎所有熱帶森林的砍伐，都是為了生產四種商品：牛肉、黃豆、棕櫚油、木材。其中，為了生產牛肉而砍伐的森林面積，更是其他三者總和的兩倍以上。在亞馬遜地區，有超過 80% 遭到砍伐的森林是為了提供放牧所需的土地。[49] 此外，許多黃豆種植也是為了做為雞、豬、牛的飼料。目前，巴西取消了先前的森林保護政策，[50] 中國又大幅增加肉類和奶製品的消費，讓情況雪上加霜。[51]

對於工業化的農業與食品產業來說，食品的重點與其說是營養，不如說是獲利。這兩大產業對氣候變遷的影響已不下於化石燃料，但有許多食物卻是生產了卻沒人吃，甚至是根本到不了需要食物的人手上。在南方國家（Global South，指開發中國家），常常因為缺乏道路與儲存設備，讓食物在運送過程便已腐壞；而且就算食物能夠及時運達，人民也可能無力購買。在北方國家（Global North，指已開發國家），則會有食物堆積在家裡，在冰箱冰到過期，又或是上了桌卻吃不完，最後直接扔掉。因為這樣的浪費，又會需要生產更多食物。

我們其實有能力達到所有人的糧食安全。根據至少兩位傑出生態學家的計算，如果能選擇性的提升農業生產力、大幅減少食物浪費、並改變我們的飲食組成[52]（而且健康專家本來就建議這應該要有所改變），[53] 就能為全世界都提供足夠的食物。而這一切，都不用再破壞任何一吋的自然界就能做到。

一、廣植樹木。全世界許多地方都有大片的土地，可供復育森林或造林使用。一項研究發現，全球約有九億公頃的土地（大約是整個美國的面積），能夠在完全不干擾人類居住或農業的情況下，做為森林復育之用。[54] 等到新的森林都長成，除了能鞏固生物多樣性、使地球更加美麗，更能吸收儲存高達二千億噸的碳，相當於自工業革命以來釋放到大氣中的二氧化碳近 70%。

在應對氣候變遷的各項行動當中，很少有像種樹這麼關鍵、急迫、而又簡單的了。這項從大氣中吸收碳的古老技術，完全不需要高科技，完全安全，而且非常便宜。種樹能夠確實「逆轉」氣候變遷，因為在樹木（和其他有機物質）生長的時候，會吸收空氣中的二氧化碳、釋放出氧氣，並且讓碳回到它該在的地方：土壤。此外，樹木能為城市帶來怡人的綠意，降低環境溫度，可能產出一些食物，還能穩定鄉間郊區的地下含水層。

令人遺憾的是，我們在過去五到十年間，對於復育森林或植樹造林的看法，一直彷彿只是在為了過去排放溫室氣體而贖罪；或者更糟的，只是在假裝做好事，藉以掩蓋碳排放的現實。在某些環保份子看來，碳抵消（offsetting）甚至成了一種汙名。該是糾正這種錯誤的時候了。我們每個人，都該去種上一棵、十棵、甚至二十棵樹。這不是為了要抵消什麼；種樹本身就是應對氣候變遷的重要手段，而且完全不需要什麼先進的能源科技。雖然我們還是會不斷研發能源科技，但就算到了取得相關科技的那一天，我們還是需要把空氣中的碳吸收起來，才能達到淨零碳排放。

簡單說來，光是靠著種樹，我們就能讓氣候恢復到幾十年前的水準。[55]

大規模的森林復育，正為人類帶來再實際不過的好處。1990年代的中國，大片土地開始沙漠化，儼然形同美國中西部的塵暴區（Dust Bowl），但中國成功阻止了讓土地這樣迅速退化。當時，中國直接撥款給農民要求復育森林，面積廣達一億公頃。這項計畫至今仍在繼續，而且非常成功，讓降雨更穩定、土壤更肥沃，農地的生產力也有所提升。[56] 而在衣索比亞，在森林覆蓋率降到只剩國土 4% 的時候，開始推動一項創紀錄的活動，在全國一千處地點種下三億五千萬棵樹，而且多半是在同一天所種。[57] 雖然這些樹不見得都能存活，但只要其中活下來的，就能發揮強大的力量。

種樹的好處絕不僅限於鄉間或農業地帶。有了樹木，能讓城市的溫度下降最多攝氏 10 度。[58] 這樣一來，無論城市因為哪種氣候情境而大幅升溫，都能靠著樹木來緩和負面影響；像是在印度已經有些城市出現驚人的攝氏 50 度高溫，種樹可能意味著幾百萬人的生死之別。樹木也能夠截留空氣中的懸浮粒子、吸收汙染，淨化城市裡的空氣。此外，樹木還能調節水流、阻擋洪水，增加城市的生物多樣性。由於樹木的作用實在太顯而易見，在城市裡的房子周遭如果有綠樹圍繞，房價平均會高出 20%。[59]

如果我們真的想為大自然提供成長茁壯的空間，就必須讓城市生活轉型，將大自然帶入城市，讓城市空間與大自然達成前所未有的融合。

二、讓大自然蓬勃發展。目前有愈來愈多人投入「復野」，也就是試著讓土地回歸「自然過程」。復野或許有可能從根本上改變大氣的碳平衡，保護地球的生命之網。

目前，全球各地有許多大大小小的復野計畫正在實施，英格蘭西薩塞克斯郡的克內普荒地計畫（Knepp Wildland Project）就是很好的例子。這項計畫在 2001 年取得三千五百英畝土地，這片土地自第二次世界大戰以來，密集用於農作養殖，已經嚴重退化，幾乎無法再有獲利。克內普荒地計畫就是要讓自然過程發揮作用，不去刻意訂定任何目標或結果，只是放牧各種動物（牛、馬、豬、鹿）在其間自在漫遊，牠們的作用就像是幾千年前曾生活在這裡的草食性動物，推動著這種由自然過程所引導的再生。每種動物各有不同的覓食偏好，於是讓整片棲地呈現出各種不同的樣貌，有整片的草原、灌木叢，在開闊的空間長出的樹木，以及能有樹木遮蔭的牧草地。這些動物幾乎不需要再有什麼照料，我們只需要用很低的成本，就能讓克內普荒地提供各種野放、自然生長的草飼有機肉品，而這種市場也正不斷成長。短短十年，克內普一地的生物多樣性就有了驚人的提升，現在這裡是紫蛺蝶和斑鳩的重要繁殖地，更有全英國 2% 的夜鶯棲息於此。

三、改以蔬食為主。只要少吃肉類和奶製品，就能夠減少碳足跡，而且身心健康也能得到改善。雖然少吃肉就是好事，但最好是直接不吃肉。雖然對大多數人來說可能難以想像，但其實在人類歷史上，本來就不太吃肉。[60]

有許多國家已經逐漸開始轉向蔬食。就算你覺得自己難以完全放棄肉類和奶製品，也可以改為彈性調整，在每天的某一餐、或是每週某些天，完全嘗試蔬食，光是這樣也能有很大的不同。事實上，這有可能會是未來幾年內最大的一項飲食革新。在許多國家，打算完全採行蔬食的人數相對並不多，但是在美國，就有

50% 人口已經在減少食用肉類。能夠取代肉類的植物肉，也愈來愈便宜、有效益且美味了。到了 2040 年，預計這些產品的市占率將由今日的 10% 成長到 60%。[61] 食品市場已經開始體認到蔬食食物的未來，而只要你也開始嘗試並習慣各種蔬食，就也有機會成為這場食品革命的一份子。

四、抵制砍伐森林的各種產品。在我們每天消費的產品中，有太多成分是靠著砍伐森林而取得。2010 年，綠色和平組織就曾發表一則廣告，是一名上班族打開了一包 Kit Kat，但裡面裝的不是巧克力餅乾，而是紅毛猩猩的手指。那位上班族咬了一口，流出的鮮血就滴上了他的鍵盤。[62] 這支影片深深打中人心，讓人意識到 Kit Kat 的原料成分有一部分是靠著大規模摧毀紅毛猩猩的自然棲地而取得。生產該產品的雀巢公司，因此收到超過二十萬封電子抗議郵件，公司外面也出現許多抗議活動。六星期之內，這家規模全球數一數二的公司徹底改變政策，承諾改用零毀林（zero deforestation）的棕櫚油。[63]

我們很容易忘記，如果大家都選擇發揮自己的一份力，集合起來可以有多大的影響。要是某家企業的做法對土地造成傷害，我們可以努力讓大家都得知這項事實。而這種時候，只要你拒絕購買該企業的產品，就能讓它知道你不同意它的所作所為。

我們絕非無能為力。

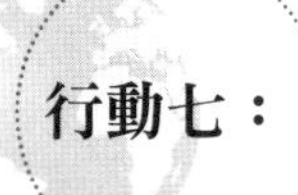

行動七：

投資「清潔經濟」

線性成長的經濟模型，等於是在鼓勵榨取與汙染，我們需要轉型為能夠讓自然系統再生的模型。這會需要找出一套「清潔經濟」，能夠與大自然和諧相處、盡可能將所有已使用的資源物盡其用、減少浪費，並且積極補充耗損的資源。

這種嶄新的經濟模式會需要更好的政策與有力的制度，才能讓投資與創業的強大市場力量走向再生、而非榨取，而金融與投資會在此扮演關鍵角色。過去幾個世紀以來，我們靠著法律、稅務與慈善事業等等手段，讓資本主義一直還算在控制之中，但我們也尚未讓資本主義走向完善。現在，時候到了。

我們曾經把經濟當成一項重要指標，用來評估人類這個物種表現如何。經濟成長愈多，就是表現愈好；成長愈少，就是表現愈差；至於負成長、甚至衰退，可就是災難。政治人物會竭盡全力讓經濟數字維持上揚，甚至多半會把這件事當成自己的主要責任和政績。

目前要衡量經濟成長，用的數字是 GDP（國內生產毛額），也就是國家在一年內所生產商品和服務的市場總值。許多文化都深信，負責的政府就該以「GDP 無窮成長」為己任，而隨著媒體、政客、商業領袖等人士也將這件事視為理所當然，似乎就讓它成了永恆的真理。[64]

然而，如果是要判斷人類怎樣才能生存興盛，GDP 絕不是個好指標。畢竟 GDP 談的只會是如何榨取、使用與丟棄各種資源，把 GDP 當作成功指標的時候，並未考慮到汙染或不平等的影響，也並未考慮健康、教育、甚至幸福有何價值。而對於讓退化的土地再生、使生病的海洋康復的行動，GDP 也只會視若無睹。

舉例來說，如果你每天都用免洗杯喝咖啡，會讓 GDP 成長，但森林會消失、碳排放也會上升。相較之下，如果是用可重複使用的陶瓷馬克杯來喝咖啡，則會讓 GDP 停止成長。不過，如果你每天都把舊馬克杯丟掉再買新的，那可就會讓 GDP 大幅成長了。因此，GDP 真的不是個好指標。

用 SDG 指標取代 GDP 成長

在目前的轉型期，已經不能再將線性的 GDP 成長做為首要目標。擁有更多的物質，並不代表就是生活過得更好，而且實際上更造成了我們的生存危機。我們的價值觀必須有所改變，不是著重於能夠買到多少東西，而是看重生活的品質，而且是與地球所有生態系共存的生活品質。

一個很好的出發點，就是改採用對於「全球永續發展目標」

（Sustainable Development Goals, SDG）的貢獻，做為判斷成長的指標。SDG 總共包含 17 項互有關聯的目標，希望以可永續的方式，來提升全球的繁榮、平等與福祉。[65] 這 17 項可永續的目標包括：

(1) 消除貧窮；

(2) 終結飢餓；

(3) 良好健康與社會福祉；

(4) 高品質教育；

(5) 性別平等；

(6) 清潔飲水和衛生設施；

(7) 可負擔而清潔的能源；

(8) 有尊嚴的勞動及經濟成長；

(9) 產業創新與基礎設施；

(10) 降低不平等；

(11) 永續城市與社區；

(12) 負責的消費與生產模式；

(13) 對抗氣候危機的行動；

(14) 保育及維護海洋生物；

(15) 保育及維護陸地生物；

(16) 和平、正義與健全的體制；

(17) 實現目標的夥伴關係。

把錢放在能夠發揮影響力的地方

資本通常會流向過去曾經有效益的投資領域，彷彿未來必然會和過去雷同。而目前全世界資本的守護者，是一群極為謹慎的人，總希望能確保豐厚的投資報酬，也以避開損失的風險為首要目標。這點嚴格來說當然沒錯，但這會給我們帶來一個問題：如果想要創造那個我們所期望的未來，就不可能沒有風險。

2019 年 6 月，挪威國會投票通過一項新法案，成立了全球最大的主權財富基金，規模高達一兆美元，而該基金正準備出脫超過一百三十億美元的化石燃料投資，轉而將高達二百億美元投入再生能源，以成熟市場的風能和太陽能專案為起點。[66]

你也能貢獻自己的一份力，促成資本配置的這種重大改變。在 2012 年，比爾・麥奇本（Bill McKibben）與國際氣候變遷行動組織 350.org 展開一場「草根撤資運動」，呼籲各家金融機構停止提供資金給造成氣候變遷的計畫與企業，[67] 目前這已經成為史上最成功的運動之一，各家金融機構出脫的化石燃料資產，總值已經超過八兆美元。這讓氣候解決方案能夠取得資金，並且向那些仍舊依戀過去的人發出警訊。2016 年，全球最大煤炭公司皮博迪能源申請破產，所列的破產原因之一正是遭到撤資。[68] 至於殼牌（Shell）石油公司也將撤資列為未來業務的重大風險。[69]

就是現在，你可以出脫過去、投資未來。用你手中的錢，既能造成毀滅、也能開闢未來，而且事實已經不容你再視而不見。

對於你的退休基金或儲蓄，請去瞭解都投資在哪些項目。退休基金常有預設的投資選項，請別低估了這種預設的影響；要是你的退休基金有此類選項，請明文要求勿投資化石燃料產業。也請寫信給你的基金管理人，瞭解該基金是否正逐步由舊經濟撤資，又或者是否正針對所投資的企業，嘗試改變其企業行為，以促進清潔經濟。此外，也請鼓勵朋友同事效仿你的做法。

等到有愈來愈多資金流向推動未來的企業與計畫（局面也正朝這個方向進展），總有一天能達到臨界點，從此水到渠成，輕輕鬆鬆就會走向正確的方向。我們已經看到，那些骯髒、汙染、不負責任的投資，獲利能力已經比不上更環保的方案了。那些不顧地球未來的企業，也已經不斷有客戶和投資人提出令他們難堪的問題（請務必繼續！），並且愈來愈難找到聰明的新血願意和他們同流合汙。只要不斷有壓力，資金與聲勢都會開始流向支持清潔經濟的企業。

重新打造「快樂星球」

在全球各地，再生經濟的基礎日益健全，發展蓬勃。2019 年 1 月，紐西蘭總理阿爾登宣布：她的政府很快就會提出一項「福祉預算」，評估政策對民眾生活品質的長期影響。她說：「我們必須滿足國家的社會福祉需求，而不只是經濟福祉的需求而已。」阿爾登總理認為，這種思考方式有助於我們跳出短期循環，學會從「仁慈、同理與幸福」的觀點來看政治。[70] 這也正是我們被交付的工作：打造有利於我們的基礎架構與系統，也要淘汰那些危害我們的基礎架構與系統。

經濟成長確實能帶來巨大的利益，也比史上任何其他模式讓更多人脫離了貧困。然而，我們已經不能再這樣只重視能夠多快挖出資源，而又迅速讓資源變成了垃圾；這不是基於什麼意識型態或政治立場，而是為了生存。繼續運用舊模式來減少貧困，效果很可能無法持久。因為隨著氣候變遷加速，這種短視近利、奉 GDP 為圭臬的結構，很有可能會讓許多人重新落入無情的貧窮。但好消息是，經濟學家愈來愈認為那 17 項全球永續發展目標很合理且實用，只要繼續推動，絕對有可能實現永續性的成長，讓碳排放減量，並且靠著各種系統相輔相成而減少貧困。

在哥斯大黎加，本書作者菲格雷斯的父親荷西・菲格雷斯・費雷爾（José Figueres Ferrer）總統，在 1948 年決定廢除國家軍隊。他把經費投資於教育，並讓森林覆蓋率從不到 20% 的低點，重新開始成長。現在，哥斯大黎加的人民擁有拉丁美洲數一數二高的識字率，[71] 森林覆蓋率超過 50%，[72] 全國電力幾乎完全來自於再生能源。哥斯大黎加評估成長的指標除了 GDP，還會參考其他指標，讓政府做出使國民福祉最大化的決策。

根據「快樂星球指數」（Happy Planet Index），哥斯大黎加在 2009 年、2012 年與 2018 年，都是全球最快樂的地方。[73]

行動八：

盡責使用科技

新科技不斷演進，很有可能成為碳減排的一大助力。而我們使用科技的態度，則應該是謹慎但迅速，並且不能一心認為這就是萬靈丹。隨著機器成為日常生活的一部分，我們使用科技也需要更聰明、更負責，時時留意科技的力量及影響，也要準備好適當的管理制度。

要是我們能夠度過這次的氣候危機，讓人類與地球都平安邁向下一個階段，這多半得歸功於我們學會了如何與科技共存。人工智慧（AI）搭配感測器（蒐集資料數據）與機器人科技（自動完成某些實際動作），再加上由各種智慧設備所形成的物聯網，很有可能正是我們這場生存之戰的最佳戰友。[74] 然而，完全相同的這批科技，也有可能毀掉我們更美好的未來。舉例來說，自駕車能夠讓我們不再需要擁有私人車輛，但就負面影響而言，也可能讓心懷不軌的統治者，得以追蹤控制所有公民的去向。

同樣是一把火，在寒夜給你溫暖是件好事，但把你家給燒了就沒那麼好了。同樣的，科技本身並無好壞之分，端看我們能否有適當的管理。

如今還活著的人，都有可能會碰上幾乎在各方面都比自己更聰明的機器。2017 年，全世界就對這樣的未來有了驚鴻一瞥：圍棋是一項古老的中國策略遊戲，想要上手精通，極其困難，但 AI 程式 AlphaGo Zero 卻完全靠著自學，就彷彿掌握了人類幾千年所累積的智慧，而且還能更為精進——學習時間更只用了短短的四十天。[75]

研發 AlphaGo Zero 的 DeepMind 公司表示，這項科技的用處並不只是要在策略遊戲裡勝過人類，而是要用來產生新的科技，希望為社會帶來正面影響。[76] 但如果希望某項科技的應用，真的能如我們所願，使大自然恢復再生、使人類得以繁榮昌盛，就不能只聽這些公司的一面之詞。

AI 機器學得很快，但我們不見得知道它們學了之後會如何應用。AI 機器有可能會因為在背後控制著這項科技的人居心不正，反而加速榨取地球剩餘的資源，所以我們從一開始，就應該好好制定相關的監督管理政策，避免 AI 遭到濫用。

有許多政客和企業執行長，並不願意真正起身領導、或以實際作為對抗氣候危機，而這些人常常就會大力吹捧科技，認為科技在未來總會找出解決方案。但是，如果我們就這樣讓未來科技的可能性矇蔽我們的雙眼，無視今日局勢的規模與急迫，將會是相當嚴重的風險。一方面，科技創新不一定真能及時到位；二方面，整個社會必須已經走在對的方向上，新科技才會真正發揮應有的力量。「相信創新」絕不該是缺乏計畫的藉口。

科技可以為善，也可以為惡

當然，我們確實需要科技來避免氣候災難，但科技也相當有可能會讓已然巨大的貧富差距繼續拉大。目前全球有 70% 的人口只靠著全球 2.5% 的財富維生，[77] 而自動化的興起還有可能讓不平等與社會不穩定的情況更為加劇，想要推動政策來解決像是氣候變遷這樣的複雜問題，也會變得更加複雜。

某些政治圈一再重複著一種論調，認為是移民搶走了當地居民的工作，但其實是自動化在全球造成了大量的失業。[78] 這項問題在未來幾十年還會惡化。

同樣的，隨著民眾減少肉類消費（改為購買植物性或是直接在實驗室製造的替代品），也會讓許多國家的經濟大為改觀。在巴西，農業人口超過兩千萬，[79] 其中有三分之二要不是養牛，就是種植大豆做為牛的飼料。如果想要轉型成永續農業，他們或許可以將自己的土地轉為生產生質燃料，而這項假設的前提就是未來對生質燃料的需求應該會有所提升。像這樣將土地利用從生產牛肉轉為生產先進的生質燃料，對生態絕對是大有助益，但如果轉型過程管理不當，未提供培訓或職位做為配套，就可能讓數百萬人突然失業，造成人民巨大的痛苦，而使極端政治主張更受到歡迎。

就算我們研發出了所有解決氣候危機所需的科技，也可能因為人民在轉型過程受到太大的衝擊，而使得玩弄民粹的領導者在選舉中勝出，這時想再抓住通往可再生未來的一絲希望，也會變得更為困難。

要是管理得當，AI 機器就可以發揮極大作用，幫助我們及時應對氣候危機。想要迎向可再生的未來，有許多產業都還需要有重大突破，而「機器學習」幾乎都能幫上大忙。

舉例來說，如果想讓電網大規模使用再生能源，一大問題在於再生能源的發電並不穩定，必須在日照或風量充足的時候，才能進行。目前的電網採用集中式設計，而有了 AI 演算法，就有可能完全重新設計。AI 電網將能夠大大提升分散程度，如同神經網路，動態預測何時會需要更多電力，並「直覺」調整供需，切換儲電或送電。這樣一來，就能讓更高的比例採用再生能源，進而減少使用天然氣及煤炭，甚至是完全淘汰天然氣及煤炭。[80]

在許多其他領域，AI 也讓減碳的腳步更為加速。我們已經開始使用機器學習，來預防天然氣管線漏氣、加速研發太陽能燃料（直接或間接以太陽能生產的合成化學燃料）、改善電池儲電科技、提升貨運及運輸效率、減少建築物耗能、用無人機來造林等等。[81] 而目前看來，AI 也很有可能改善我們預測極端天氣的能力，甚至還有可能直接移除大氣中的溫室氣體。

達成《巴黎協定》已經是件難事，但相較之下，想要針對如何管理 AI 而達到全球性的集體共識，更是難如登天。目前各國爭先恐後，希望研發出各種 AI 技術與條件，成為這個領域的龍頭。而在不同地區的人民，對於要讓 AI 進入生活的接受程度，也大不相同。像是在奈及利亞和土耳其的人，應該會很樂意讓 AI 為他們動大手術；但德國和比利時的人就不見得那麼樂意。[82] 而在各種 AI 管理原則的制定上，各國政府受到的壓力也各有不同，因此有的國家極為鬆散，卻也有些國家非常嚴格。[83]

雖然這點不難理解，但如果面對的是像氣候危機這樣的重大問題，這種情況絕對稱不上理想。而現在，法國與加拿大政府成立了國際人工智慧委員會（IPAI），可以說是一個良好的起點。[84]

運用 AI 實現可再生的未來

所以，請務必去瞭解你的政府、企業或當地社群是否有 AI 相關投資，並且瞭解這些 AI 的用途。也請擔起責任，盡力向這些單位施壓，參考國際已經採行的作為，推動讓政策到位，確保所支持的 AI 在未來是有助於實現可再生的未來，而不是拖累我們成功的機會。

在幾十年內，地球上可能會有九十億、甚至是超過一百億的人口。若是每個人對大氣造成的負擔還是和今日相同，地球到時候不可能支持這麼多人的消耗。科技（特別是 AI）或許有潛力減輕我們每個人對於地球造成的負擔。許多長期以來困擾我們的問題，包括如何以循環、而非線性方式來運用自然資源，都有可能得到最後的解決方案。

像是在 AlphaGo Zero 自學圍棋的時候，研發人員就發現，雖然它會學習由過去世世代代專業棋手所不斷精進的技巧，但它有時候也會選擇放棄過去的走法，下出一些人類至今還未想到的絕妙好棋。在這場與時間的競賽中，如果部署得宜、管理得當，AI 所能帶來的學習速度，絕對有著指數級的非凡潛力，能夠加速氣候解決方案的研發。

谷歌資料中心在 2016 年的一個故事，就能讓我們知道一切發展還大有可為。十多年來，谷歌工程師一直採用最先進的方式，不斷改進其資料系統。谷歌的伺服器堪稱全球效率第一，令人覺得似乎不可能再有什麼重大的突破。但接著，他們的系統採用了 DeepMind 的演算法，結果讓冷卻所需的電力大降 40%，而且是穩定維持。[85] 這還只是 AI 強大威力的其中一個小例子，足以見得 AI 可能帶來某些人類難以想像的成就。

目前，想要以 AI 來應對氣候危機，相關投資的規模還遠遠不足。未來，全球各地的政府與企業必須很謹慎的給予支持，推動以聰明、盡責的方式來應用 AI；而且也要盡快投注資金，以提升 AI 的能力，在碳減排方面取得重大突破。如果能做到這點，在我們通向光明未來的路上，科技就有可能是我們最重要的戰友。

行動九：

營造性別平等

無論是在社會的哪個階層，我們都應該在做決策時，讓更多女性參與，因為女性領導的時候就是會有好事發生。這一點是經過多年研究的明確證實。女性常常會有一種領導風格，能對不同觀點更為開放、敏感，她們也比較懂得合作，並且看得更長遠。而在應對氣候危機的時候，這些特質至關重要。[86]

我們之所以知道這一點，是因為已經看到一些早期的證明。各個企業、國家、非政府組織與金融機構，如果有女性領導者，又或是決策團隊的女性比例較高，都會選擇採取較強而有力的氣候行動。[87] 重塑社會結構，讓女性在各種層級（家庭、社區、職場、政府）的決策上至少能與男性平起平坐，已經是生死存亡的問題。

在許多國家，會認為性別歧視似乎已經成為過去。但研究顯示，所有產業仍然強烈傾向於高估男性的表現，而低估女性的表現。雖然女性會感受到這種差異，但男性通常渾然未覺。如今，絕大多數領導者的榜樣仍然是男性：隨便挑一年的 G20 領導人合照，都能一目瞭然。此外，廣為人知的薪資差距（在同一職位上女性薪資會比男性低 20%）又是另一個證明，能看出許多想法仍然是出於主觀與歧視。[88]

如果要改正這種在權力與決策位階的不平衡，第一步就是要先承認這種情況確實存在，而且很多時候是因為結構性、無意識的偏見。但目前仍有許多人對此一無所覺。

不論如何，已經有許多女性感受到當下氣候變遷的局面無比嚴峻。像是娜塔莉・伊賽克絲（Natalie Isaacs，「百萬女性」運動領袖）、伊斯拉・希爾西（Isra Hirsi，美國環保運動領袖）、娜卡布耶・佛萊維婭（Nakabuye Flavia，烏干達「週五為氣候罷課」運動領袖）、格蕾塔・桑伯格、潘妮洛普・莉亞（Penelope Lea，挪威少女，聯合國兒童基金會大使）這些勇敢的領導者，已經讓數百萬年輕人挺身而出，要求緊急採取各種氣候行動，而且自己也身體力行。

面對不斷變化的氣候，女性經常站在最前端，攜手合作、一同努力。在許多國家，由於女性和土地更為親近，也就更快感知到環境的變化，並從中學習。各個社群裡，常常是女性擔任氣候解決方案的創新先鋒，她們天生善於聆聽、充滿同理心、也懂得如何匯集群體的智慧，在轉型過渡時期尤然。面對如今這局勢，女性的這些特質比過去更為重要。

一個真正性別平等的世界，絕對會與現在這個世界不同。有些人似乎認為一切並不會有什麼差異，只是性別權力的平衡稍有不同而已。但事實上，除了顯然的道德正確性之外，性別平等另一項有趣之處在於能讓全人類享有一個機會：一起創造一個可恢復再生的世界，讓所有人共同富足安康。有愈多女性擔任當權職務的國家，氣候足跡也就愈低。有女性擔任董事的企業，也有遠遠更高的機率去投資再生能源、研發解決氣候危機的產品。女性議員投票贊成保護環境的頻率，幾乎是男性的兩倍；而創投公司的女性領導者在做出投資決策的時候，會考慮公司如何對待員工和環境的可能性，也是男性的兩倍。[89]

目前的一項當務之急，就是在全球為女性提供更多的教育機會。受過教育的婦女能夠工作，能夠在經濟上有更高的生產力，也有助於讓社會做出更好的決策。關鍵的一點在於：教育能讓女性為自己挺身而出，讓她們能為自己做選擇，特別是在生育健康方面。如果能讓女孩待在學校，就比較不會在還太年輕的時候就結婚，也比較不會生那麼多孩子。美國著名智庫布魯金斯研究所（Brookings Institution）指出，在世界某些地區，相較於從未受過教育，女性如果受過十二年教育，一生平均會少生五個孩子。[90]

目前世界上還有一億三千萬名女童被剝奪了上學的權利，等於是讓大量女性未來可能陷入不斷懷孕的困境，也就是讓世界上那些資源困乏、無力撫養兒童的地區，人口反而愈來愈增加。照以上數據計算，要是今天能讓女童有百分之百的就學率，2050 年的全球預計人口能夠減少八億四千三百萬人，[91] 這對於應對氣候危機將是一大福音。

如果你是女性，就應該把握現在這個時機，考慮競選公職，又或是在工作上爭取自己應得的升遷。如果你是男性，也該把握現在的時機，鼓勵你的女性同事、伴侶、朋友與家人，參與決策圈及環境保護運動。在參與大規模運動、或是與有共同目標的一群人在一起的時候，女性特別能夠感到充滿力量。一個很好的例子就是美國的「全新國會」（Brand New Congress）運動，讓女性通過 2018 年國會議員初選的人數創下新高。[92] 包括亞歷珊卓・奧卡西歐－寇特茲（Alexandria Ocasio-Cortez，波多黎各裔美國眾議員）在內，許多人都因為能和其他女性並肩參選，而感到信心大增。[93]

面對氣候變遷，如果我們能提升決策圈的女性比例，一定能應對得更好。就請把握現在，讓妳自己、或是你所認識的女性成為決策圈的一員。

太陽能姊妹

位於印度最西邊的古吉拉特邦，有一片偏遠而日照熾烈的沙漠，一群女性同心協力運用再生能源，改善她們的生活環境。印度有將近 76% 的鹽，產自古吉拉特邦，但該邦目前還有許多地方並未連上電網，因而無電可用。當地有四萬多個以鹽田為生的家庭，當地稱為 agariyas，幾十年來，工作時只能依賴柴油發電的幫浦，但光是這項成本，就花掉了每季所得的 40%。

現在，一切正在改變。出身於古吉拉特邦的芮瑪・納納瓦蒂（Reemaben Nanavaty），現在是印度自雇婦女協會（SEWA）會長，該會共有二百萬會員，是全世界最大的非正職勞工工會。在納納瓦蒂充滿遠見的領導與支持下，這些鹽田家庭正在轉向太陽能產業。首批轉業的一千名女性，轉業後的收入直接翻了一倍，讓她們在經濟與社會上都更為獨立，也終於能夠將子女送進中學讀書。等到這項計畫繼續延伸到 SEWA 在鹽田工作的一萬五千名成員，將能夠減排 11.5 萬公噸的二氧化碳，相當於讓路上減少將近二萬五千輛汽車。[94]

太陽能姊妹（Solar Sister）則是奈及利亞和坦尚尼亞的一家社會企業，招募女性並提供培訓，讓她們銷售各種價格公道的再生能源產品，例如太陽能燈，以及使用清潔能源的爐具。目前由於氣候變遷、森林遭到砍伐，女性常常需要走得比以前更遠，才能取得做飯要用的水源與柴薪。要是蒐集不到，就可能遭到家暴。而工作量的增加，也就代表她們更沒有時間受教育、或是從其他活動創造收入。太陽能姊妹已經招募培訓了四千名女性，現在她們都成了企業家，為一百六十萬名非洲人提供了使用清潔能源的設備，也讓女性受到的壓力稍有減輕。[95]

以上只是兩個例子，讓人看到如果女性得到所需的資源與自由，就能改善自身與姊妹們的生活。

這樣的潛力不限於一地，而是全球各地皆然。

行動十：
參與政治

最後，最重要的行動必須要能讓人有所感受。民主國家面臨氣候威脅，必須有所改變，以應對挑戰。為此，我們都需要主動參與政治，盡一份心力。

想要轉型成可再生的世界，就必須要有穩定的政治體系，能夠因應地球不斷變化的需求，因應人民不斷變化的期望。而氣候變遷甚至會威脅到政治安全本身，[96] 所以不但在轉型過程中需要穩定，如果想在轉型後長治久安，也必須能夠維持穩定。

如果認為政府的首要責任就是保護人民，可以說在世界上許多地方，我們所習慣的民主體制都並未做到這點。氣候變遷就是一項人類的生存危機，而且變遷的速度可能會比當今大多數人意識到的更快。要是現在的政府體系無法保護我們免於這種生存威脅，總有一天會被替代。然而，替代的體系可能還需要很長的發展時間，不見得來得及推動社會邁向可再生的未來。

今日的許多國家，民主體制已經被企業利益綁架。例如菸草業，不過是一小群企業、用了相對非常有限的資金，就在國會打通關節，買下巨大的影響力，讓這些民選的代表不再保護人民。

這些行為通常是透過同業公會，所以就算表面上某家企業並未直接遊說，事實上也是幕後黑手。[97] 這已經成為一大問題了。像是美國製造商協會（NAM）經過長期抗爭，在2016年成功延遲了「清潔電力計畫」（Clean Power Plan）的實施。而在2017年，美國製造商協會也支持美國退出《巴黎協定》。不過，微軟、寶僑、康寧和英特爾等公司都是美國製造商協會的成員，但也都聲稱支持《巴黎協定》所訂定的強力氣候行動。[98]

就國家而言，各種全面行動的基礎，就在於選民的行動（或不行動）與意志。過去二十年，氣候變遷在選民心中的重要性穩定上升，[99] 雖然這是個好消息，但事實上，仍然沒有足夠比例的選民將氣候視為首要議題。

這個問題極其嚴重。在美國，新上任的總統其實只有很短的時間能夠推動真正重大的建設，像是歐巴馬總統，他上任的時候已經下決心要採取強而有力的氣候行動，而且當時民主黨在參眾兩院都占了多數，本來應該可以選擇強勢推動高瞻遠矚的氣候法案，而且通過的機率應該不低，但是歐巴馬最後選擇先推動醫療改革（雖然這也是他的另一項競選承諾）。為了通過醫改，耗掉歐巴馬大筆政治資本，於是他的其他政策遭到共和黨強力抵制，幾乎是全面遭到否決。歐巴馬一直要等到第二任，才能再把政治注意力轉向氣候變遷。即使如此，相關改革仍然只是靠著行政命令，無法透過正式的立法程序來完成。

我們不能眼睜睜看著事情惡化，必須讓自己主動參與各級的政治。我們必須把這點視為自己最急迫應負起的責任，也要讓所有政治人物都無法再閃躲。我們所選出的領導者，必須認定自己的第一要務就是針對氣候變遷，推動各種影響深遠的行動，而且已經準備好，在上任第一天就開始行動。

我們需要有更多選民，把氣候變遷當做自己最看重的事。目前我們已經深陷如此緊急的危機，只能強烈要求那些意圖上位的人，必須提出與危機規模相當的解決方案。而且，這些人的政策平臺必須嚴格以科學為基礎。

支持非暴力政治運動

現在，已經是盡可能參加非暴力政治運動的時候了。

2019 年 4 月，名為「反抗滅絕」（Extinction Rebellion）的團體抓緊時機，展開了一系列的全球抗議活動。這個團體是由已投身此領域多年的非營利組織、政治人物及運動份子所組成，最早推出的一項活動，就是以非暴力抗爭的方式，占領倫敦市中心長達十天。有成千上萬的民眾是首次參與這樣的運動，他們過去從未走上街頭、未曾簽過任何請願書，但他們這次封起了道路、扣起了手臂，也在滑鐵盧橋上種起了樹木。抗議活動開始不到兩個月，英國就宣布了氣候緊急狀態，訂下在 2050 年淨零碳排放的目標（雖然還不及反抗滅絕的要求，但仍然是前進了一大步），並且也召開一場公民大會，研究該如何實現這項目標。[100]

如果真的想要實現徹底的變革，大眾的抵制會比政治精英的努力更為有效。這不是什麼反常的現象，而是變革的常態，特別是在現行制度的不公不義已經太過強烈的時候。

公民不服從除了是一種道德選擇，更是形塑世界政治最有力的方法。[101] 從歷史來看，想促成政治的系統性轉變，就需要大規模的公民不服從，否則極少能夠成真。而我們所需要的數字雖然看來很大，但絕非不可能達成。歷史上，只要能有大約 3.5% 的人口參與了非暴力抗爭，成功就是必然，[102] 一旦達到門檻，過去的非暴力抗爭從未失敗！在英國，這代表要有二百三十萬人；而在美國，則是一千一百萬人。

我們現在距離這些數字都已經不遠。格蕾塔．桑伯格與她的「週五為氣候罷課」（Fridays for Future）活動成功引起世人注目，讓我們知道世界已經做好準備，能進入下一階段的直接行動。[103] 桑伯格獨自一人挺身而出的公民不服從運動（每週五罷課），正可顯示這種時代精神。只花了一段相對而言並不長的時間，她就帶起了一場和平運動，點燃許多國家數百萬年輕人的怒火，促使他們正式投身於氣候運動。

隨著資金漸漸撤出化石燃料相關產業，2019 年還彷彿有一支強心針，是石油輸出組織（OPEC）領導者指出，全球反石油輿論是該產業所面臨最大的威脅。[104] 這項輿論讓各行各業、超越各種世代、橫跨各大洲的民眾都動了起來。只要每多一位平民選擇參與，都會讓我們更接近那個成功的轉捩點。

我們知道，並不是每個人都能夠參與罷課或公民不服從的示威活動，而且在非民主社會（甚至是某些民主社會），參與這些活動就可能危及人身安全。所以，你需要審慎評估眼前有哪些管道來參與政治，找出其中可行的方式。

用錢投票，淘汰不環保的企業和產品

除了直接找上政府，我們也需要一些其他的政治行動。像是某些企業或同業公會，就會透過金錢或政治遊說，阻撓關於氣候變遷的公民行動。我們不能再讓這些企業以為還能得到我們的支持。最簡單的反制方式，就是用錢投票：不再購買他們的股票，並且在有替代選擇的時候，不再購買他們的服務和產品。

請和你的銀行聯絡，和那些管理你的保險產品及債權的公司聯絡，瞭解你的資金是否被用來投資那些阻撓公民行動的企業，並尋找別的選擇。有些金融機構已經開始未雨綢繆、調整資產配置，但也還有一些金融機構，或許尚未感受到來自客戶的足夠壓力，因此仍未有行動。

對於那些老成持重、但也有心處理氣候挑戰的政府，我們應該要和它們合作，而不是一心想要對抗、拆解政府。每個人都該負起的一項責任，就是要先在傳統權力體制內發揮最大影響力，設法儘速得到最大的改變。雖然我們必須在體制內外同時努力，推動早就該有的政治改革，但也不能忘記，機構體制仍然扮演著重要角色，我們應當維護自己的基本權利，讓我們有能力度過這段轉型期。

在數百年、甚至是數千年間，人類在政府、教育、法律和宗教上的體制，都讓我們遵守著一定的規範。雖然，規範可能形成進步的阻力，這種情況在歷史上也不乏案例；但同樣真實的是，規範能讓我們在憤怒和瘋狂的時候，避免我們順從自己最差勁的直覺。我們要小心規範帶來的負面影響，但在適當的時候，也應該設法保護規範。畢竟一旦規範崩解，並無法輕易找到替代。

共同寫下更美好的歷史

由於氣候變遷與人類過去面臨的任何挑戰都大不相同，也就沒有前例能告訴我們，究竟在政治、經濟和社會上需要有多大的轉變。然而，還是不乏許多極好的例子。像是有許多公民不服從運動，從二十世紀初的婦女參政運動、甘地爭取印度獨立、金恩博士和 1960 年代非裔美國人的民權運動，再到 2003 年在喬治亞的玫瑰革命等等，都成功鼓舞人心，讓許多人站出來支持這些理想。因為有著開放、包容的敘事內容，並讓人覺得是在共同寫下更美好的歷史，於是讓這些運動發揮了始料未及的力量。正如曼德拉所言：「一切總是看來不可能，直到實現的那一刻。」

現在正是我們應該起而行的時候了，不論是在學校、企業、社群、城鎮或國家，我們都該挺身參與對抗氣候危機的這一戰，釀成史上最大的政治運動。重點不是要換掉哪個政府、換掉哪個政治領導者，而是要能引起持續的政治行動及參與。

目前，實現目標的要素已經齊備，我們聲勢浩大，全球有數百萬人走上街頭，呼籲必須改革。世界各地已有許許多多企業、城市、投資人與政府，克服各種困難，齊心協力要實現升溫不超過攝氏 1.5 度的未來，並且願意傾聽街頭殷切的呼喚。

如果民主制度要在二十一世紀繼續蓬勃發展，氣候變遷就是一項重大考驗，而且不容失敗。

結語

一個新的故事

從哥本哈根的挫敗，到巴黎的光榮，
是聲勢逐漸的累積，也是過程中故事逐步的變化……
這些都一步一步讓我們邁向新的故事。

我們希望告訴讀者兩件事：

第一，雖然看來時機已晚，但我們對於未來仍有選擇，現在的每一項行動都至關重要。

第二，我們能夠對自己的命運做出正確的選擇。未來還不是注定毀滅，人類並不是注定有缺陷的動物；只要我們動起來，再重大的問題也能夠處理。

未來的子子孫孫回顧現今，很有可能會發現如今就是最重要的轉捩點。

然而，前程困難重重，也無法保證成功。前程蜿蜒曲折，而且此時伸手不見五指，也沒有回頭路。我們或許不想接受這種現實，但事實上，正如許多精采的故事，最黑暗的時刻也正是最關鍵的時刻。現在最需要的，就是堅定不移、完成任務的意志，要知道失敗不是選項之一。

重新點燃民眾的熱情

藝術、文學與歷史所帶給我們的啟發，絕不下於科學。而在未來寫到人類努力求生、復興再起，今日如何應對氣候變遷的挑戰，必然會是重要的章節。

目前寫到我們如何處理氣候危機，主流的故事線實在算不上引人入勝。但如果有一個新的故事，就能重新點燃民眾的熱情。

故事改變，一切就會改變。

1957 年 10 月，美國人抬頭望天，蘇聯的人造衛星史普尼克 1 號（Sputnik I）越過美國上空。[1] 這是人類第一顆升上太空的衛星，美國就這樣被「敵人」擊敗。那天晚上，從賓州到堪薩斯州、再到科羅拉多州，許多家庭得知敵人不但能看到他們，而且還正緊盯著瞧，都大感憂慮。

美國是如何回應？幾年後，甘迺迪總統發表了那場著名的演講，矢言在 1960 年代讓人登上月球。這是一項遠比發射衛星更具挑戰的壯舉。[2] 他發表演講的時候，登月的可行性尚未可知，也沒有詳細的預算、計畫或時間表。他只是奪回了敘事的優勢，讓美國人有了一個充滿希望的故事，一個他們能夠成為勝方的故事。

這場演講讓美國航太總署（NASA）震驚，但也大受鼓舞。短短幾個月內，航太總署就以此新目標進行重組。團隊研發創新比以往更為勤奮，這點尤其讓年輕人充滿悸動；阿波羅計畫的團隊平均年齡僅僅二十八歲。[3] 每個人都參與著這個讓他們生命充滿意義的任務。

甘迺迪第一次造訪航太總署的任務控制室，遇到一位正在打掃的清潔工。「你在這裡是做什麼工作呢？」甘迺迪問。

「總統先生，我的工作就是要把人送上月球。」清潔工這麼回答。

因為這個願景如此扣人心弦，讓這位清潔工覺得自己正參與某件重大的事；而且他確實就是其中的一份子，要是沒有人負責維持控制室的清潔，登月絕不會那麼順利。但再想像一下，如果這位清潔工打掃的政府機構完全輸給競爭對手，正在走向破敗衰亡，他的心情又會是如何？正是那個登月的故事，讓清潔工的行動有了動機。[4]

再舉英國於 1941 年經歷德國閃電戰期間的故事為例。一直到 1939 年，對於該怎樣應付希特勒，已經讓英國內部分崩離析。當時的首相張伯倫，主張採取綏靖政策，支持者眾。當時，第一次世界大戰留下的記憶猶新，讓許多人不願面對現實，也就是希特勒不論如何都決心征服歐洲。最後，張伯倫下臺，由邱吉爾取而代之。

雖然邱吉爾在後世毀譽參半，但他早期最傑出的一項成就，就是在英國國民心中，放進一個新的故事，讓人對未來做好準備——只剩一個孤島；最偉大的一個小時；最偉大的一個世代；在海灘上與敵人作戰，在山林間、街道上，與敵人作戰；這個國家永不投降！

我們從無數的採訪可以看到，活過那個時代的人一再提到有那種萬眾一心的精神，融入生活中的各方各面，讓人覺得參與其中——不論你是不列顛之戰的飛行員英勇抗敵，又或是那些平民百姓，願意選擇剷平自己的庭園與綠地，改為大規模生產食糧。即使只是從土壤裡收成馬鈴薯的簡單任務，都像是為了那些在前線英勇抗敵的親人而服務，也都成了追求勝利過程所盡的心力。

「改變心態」是最關鍵的步驟

雖然目前已經有了《巴黎協定》，但在史上流傳時間最久的故事，仍然是認為氣候變遷太過複雜、各國不可能達成協議，聯合國的結構也不利於達成協議。在協商談判過程中，有成千上萬的人能夠如數家珍，和你說上好幾個小時，告訴你為什麼絕對不可能克服這重重險阻、達成協議。「改變心態」會是一個最難、但也最關鍵的步驟。從哥本哈根的挫敗到巴黎的光榮，是聲勢逐漸的累積，也是過程中故事逐步的變化。

一開始只有極少數人，但隨著時間過去，開始有幾千人都相信進步是可能的，也相信自己扮演重要的角色。每次又有一個國家做出承諾，就有更多人相信這種可能。太陽能板價格下跌，城市開始挑起領導走向的責任，人民上街遊行，企業展開行動，投資人從化石燃料撤資。這些都一步一步讓我們邁向新的故事。

此刻，就我們所知的生命形式而言，人類已經把地球維持生命的能力逼到底線；而且對於定義我們生命的故事，人類也已經來到底線。過去強調個別競爭、取得個人成就，要不斷消費，不相信人類團結的能力，也認為人們無法瞭解我們對地球的深遠影響，但這些過去的故事都已經無法再發揮強大的效用了。

現在，我們必須瞭解人類都共存在這顆星球上，而且這不只是對我們所作所為的一個注腳，而是一個生死存亡的問題。目前對於可再生未來的追求，無論在複雜度或是影響層面而言，都遠遠超過當時美國要把人送上月球、或是英國要打敗希特勒。

這項追求並不只關乎單一國家，而是需要你我、所有國家、地球上所有人類共同參與。無論我們之間有多麼複雜或深刻的分歧，都肯定會有一項重要的共通點：希望為今天的所有人、為接下來的世世代代，建立一個更美好的世界。

請想像一下，達成這項理想的世界會是怎樣？現在你可能還覺得一切太難以置信，甚至覺得就是個烏托邦神話，但諷刺的一點在於：因為現在已經真正威脅到人類存亡，我們人類會正面迎向這個挑戰的機率也比過去都高。人類有能力團結完成這件事，但究竟是否能夠成功，幾年內就將顯而易見。

所有該做的事，我們義無反顧

在這本書，我們正試著將一些元素放進我們的新故事裡。

眾人只要齊心協力，就可以重新定義人類在世界上的定位。這是一個將會對未來造成深遠影響的時刻，我們身而為人，能身處於這個時刻，只能說是無比幸運。

等到子孫直視我們的眼睛，問道「你們做了什麼呢？」，我們可不能只是說「我們能做的都做了」。

光是那樣還不夠。而且這個問題有著明確的答案。

所有該做的事，我們當時義無反顧。

所以，就讓我們從今天開始講這個故事，講著我們如何不因挑戰看似無法克服而猶豫，又如何不被接連不斷的挫折所打敗。讓我們講著自己如何做出正確選擇，遠離了危險的邊緣；又是如何認真挑起責任，義無反顧，以擺脫危機；而且我們還重建了與彼此、與賦予所有人類生命的自然系統之間的關係。

請讓這則故事講述著偉大的歷險，克服種種難關。

請讓這則故事講述著人類如何生存，並講述著人類如何繼續蓬勃發展。

你能做的事：

「可再生世界」願景的行動計畫

這套行動計畫是「固執的樂觀」運動的一環。這項運動致力於實現可再生世界的願景，而且聲勢看漲。

立刻可行

☞ 深呼吸，下定決心，相信人類只要齊心協力就能成功，而且自己也要出一份力。在這個黑暗的時刻，讓自己充滿希望、懷抱願景。從現在開始，不再感到絕望，要開始思考策略。

☞ 下定決心，對未來的政治發揮影響力。在選舉時，那些支持碳減排的候選人，將能得到你的選票、協助與支持。拒絕依戀過去的政治。在接下來的十年間，這會是你參與政治的第一要務。

☞ 下定決心，在 2030 年讓自己的碳排放減少超過一半，可以用 60% 為目標。就算你現在還不知道怎麼做，也不該阻礙你下定決心。我們所有人都是這樣邊做邊學。

今天或明天

☞ 針對現任的各級民選長官和民意代表，瞭解他們對氣候變遷的立場；寫信給他們，讓他們知道你的決心。告訴他們，你會認真監督他們的作為。

☞ 選擇每週至少有一天無肉日，並且決定在多久之後可以增加天數。

☞ 放大思維格局。你在哪方面對氣候變遷造成最大的影響？又能做什麼事來實現可再生的未來？

☞ 將自己的決心表達出來，不論是當面或在社群媒體上。別害羞！請其他人也效法你的作為，這能讓他們也得到鼓勵。

本週

☞ 將自己打算減排一半以上的計畫，告知你的另一半、孩子和朋友，也邀請他們共襄盛舉。保衛所有生命的未來，應該是一件開心的事，所以請讓它充滿樂趣。

☞ 實踐某些氣候行動，並且堅持下去。這能為你帶來動力。像是減少日常用電，騎腳踏車而不開車，選擇使用 100% 再生能源的電力供應商。這些都是好事，也都是該做的事。再想想還有什麼能做的，而且別忘了，永遠還有更多該做的事。

☞ 走出戶外，觀察大自然。雖然世界確實遭到了破壞與傷害，但仍然是個美麗、完整的地方。注意到那些自己已經忘記的事：春天樹上的枝椏冒出新葉，冬天地上的枯葉結出凍霜。感受自己對地球的感激，感謝地球的豐饒與美麗。

☞ 請收聽我們主持的英文 podcast 節目《憤怒與樂觀》（Outrage & Optimism），我們邀請世界各地的特別來賓及專家，討論各種氣候議題。《憤怒與樂觀》可以透過各種 podcast 平臺收聽，或者請上 https://globaloptimism.com/podcasts/。

本月

☞ 瞭解附近有哪些人在組織關於氣候變遷的政治行動。去參加會議，認識這些熱心的人。參加各種示威抗議與遊行，讓自己感受其中的活力，感受到一群人致力於改變世界的這種奇蹟。

☞ 和某個不關心氣候變遷的人聊聊天，瞭解對方的立場，並且從對方的觀點出發，讓對方對氣候危機多一點認識。

☞ 將決心付諸行動：你今年究竟要怎麼做？這會怎樣影響你和家人？你又要怎樣運用自己打算進行的改變？

☞ 計算自己的碳足跡，瞭解自己的碳排放來源。網路上有幾個不同的計算工具，請選擇自己適用的工具，瞭解自己做出哪項改變能有最大的影響力。

☞ 在 www.count-us-in.org（英文網站）寫下自己的承諾，加入這個不斷成長的全球社群，合力減少碳排放。

☞ 挑戰自己的消費習慣。檢查你買的東西，問問自己，這項商品是否真的為你帶來快樂。每當心中浮現買更多東西的衝動，就要質疑自己，並且開始感受「別買那麼多」所帶來的解放。

☞ 開始正念練習，或許可以選擇練習「感恩呼吸法」（breathing exercise of gratitude）。就算只有幾分鐘，也要每天練習。學著在自己、世界、以及你的反應之間，留出一道光隙。

☞ 廣植樹木，愈多愈好。瞭解當地是否有植樹團體，如果可能就親自參與，但就算做不到，也可以協助他人參與。

☞ 瞭解自己與他人相對所享有的特權，並致力於讓人人享有公平的競爭環境。

今年

☞ 在日常生活推動公共事務。抓住各種集體的機會，推動碳減排目標。這能刺激你的靈感，也讓你覺得是集體的一份子。如果可行，就請固定親自參與行動。一定要去投票！

☞ 努力撐下去。或許你已經改用了 100% 再生能源的電力供應商，重新思考了通勤方式，改變了搭飛機旅行的習慣，也調整了飲食的內容。只要你能夠撐過第一年，接下來的每一年就都很有可能繼續成功。對於自己的成就，不吝給予讚美。

2030年之前

☞ 實現你的計畫，減少碳排放一半以上。讚美、認同自己的成就。

☞ 資助他人種更多樹；這可以讓你感覺到自己還有很長的路要走。樹是好東西，而且世界需要更多樹。

☞ 在每次的全國選舉和地方選舉，確保自己投的票都反映出自己對氣候的重視，並且要把這項訊息傳達出去。

☞ 維持你養成的其他新習慣。

☞ 鼓勵最親近的人（家人、友人、男女朋友）瞭解氣候議題。

☞ 開始規劃讓自己在未來十年內，再次將碳排放量減少一半以上。

2050 年之前

☞ 達到淨零碳排放，成為「為了所有人而選擇更美好未來」的新一代。

附錄

臨界點

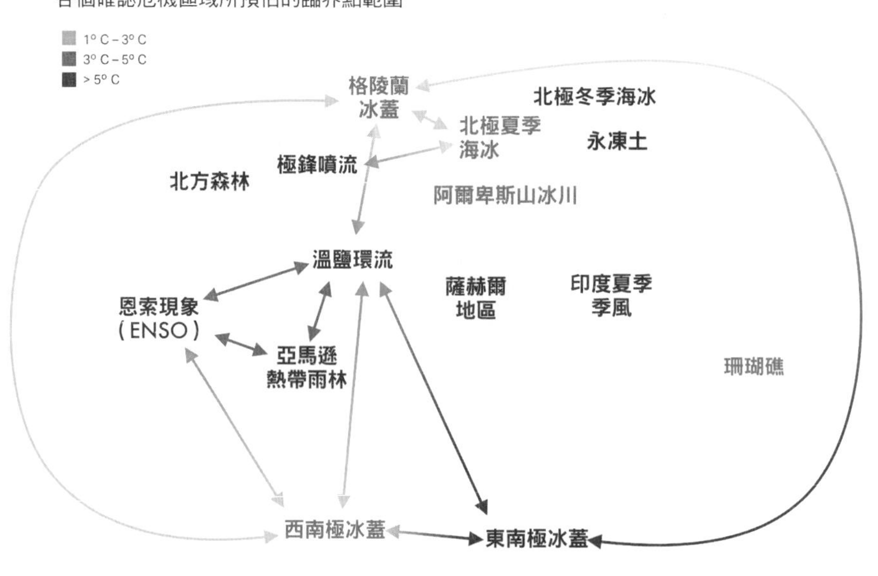

2019 指數級路線圖（Exponential Roadmap 2019，www.exponentialroadmap.org）。
改編自：Steffen et al.,"Trajectories of the Earth System in the Anthropocene,"
0PNAS 115, no. 33 (2018): 8252–59

附錄

各種升溫情境

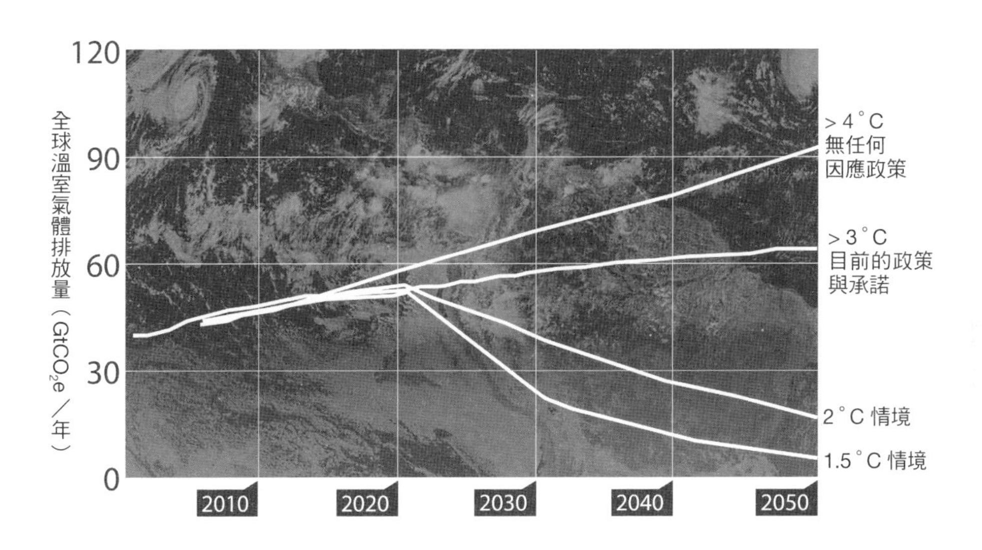

改編自：氣候行動追蹤

（Climate Action Tracker, https://climateactiontracker.org/global/temperatures/）

附記

人類歷史上最動人的一章

本書寫作的時候，新冠肺炎（COVID-19）尚未闖進這個世界。事實上，我們原本計劃了為期一年的巡迴打書行程，但是剛完成三站，就不得不趕緊各自回到哥斯大黎加和英國的家裡，面對全球性的封城。在那之後，所見所聞令我們震撼，許多面向都呼應了書中描寫的反烏托邦、或是我們所期許的未來，互相形成強烈對比。而我們的心志也比以往更為堅決，要扮演好我們的角色，確保人類的未來是眾人明智的選擇，而不是盲目盲從的結果。

我們在 2020 年代的一開始，就碰上了前所未有的緊張局面。不論我們感受到的是孤單、恐懼、哀傷、興奮、希望或感激，我們都必須適應這種高度敏感的狀態。我們感受到有兩種現實，爭奪著大家的注意力。

第一種現實：多災多難

第一種現實：即使我們心知肚明，全體人類的健康與幸福都仰賴著全球的公共財（森林、海洋、河流、土壤與空氣），但這些公共財仍然面對著無止盡的消耗與退化。雖然我們知道，人類不斷提取並燃燒化石燃料，正在改變地球大氣的化學組成，使地球暖化，讓我們賴以為生的地球系統來到了臨界點，但是出於對經濟成長的追求，令我們依然故我，依然恣意破壞地球。2020 年代有個不祥的開端，致命的新冠肺炎疫情、封城、停班停課，都讓我們一時忘了更長期的挑戰。但有一點，逼得我們想起這些長期挑戰依然存在：雖然 2020 年溫室氣體排放量顯著減少，但同時大氣溫度也打破紀錄，成了地球史上最熱的一年。

人類對地球持續造成的強烈破壞，規模究竟有多大，許多人依舊渾然不覺，甚至有些人是刻意選擇忽略。但現在大家都已經開始感受到這件事的後果。物種滅絕、超級風暴、熱浪、乾旱、大火，以及這些天災人禍造成的人民苦難與經濟破壞（令幾世紀以來的不平等和人權慘況更為加劇，造成政治和社會動蕩），發生的頻率正在增加。雖然我們對這些議題可能有個別的討論，但這些議題其實彼此環環相扣。

面對這諸多苦難，我們不能視而不見、充耳不聞。也不能忽視一項事實：要是我們繼續一切如常，很有可能就是推動著人類物種的滅絕。我們還沒有真正認清：現在對自然環境的破壞，就會影響到我們未來能否確保自己和孩子的健康、安全與溫飽，能否住在海岸邊上，能否有個完整安心的家。

這個現實令人難以承受，但我們必須承認這個現實，否則我們就不可能瞭解為什麼有那麼多人感到絕望，難以跨出下一步。

第二種現實：奮力突圍

同樣的，我們也必須勇敢相信可以有第二種現實：雖然現況如此、而且可能正因為現況如此，才讓我們得以朝反方向邁進，而且已經能夠看到確實有這種情形正在發生。現在，由於有愈來愈觸目驚心的科學數據，再加上來自各行各業的呼籲，在各個社群、企業、城市、甚至政府當中，已經有愈來愈多人要求應對氣候危機、乃至應對地球所面對的危機。

從印度爭取獨立到美國的民權運動，一旦當權者的不公不義令人再也難以忍受，就會爆發公民不服從的反撲，而今日的氣候危機正是這種例子。此刻的痛苦和折磨，令人無法接受的世代不公義，加上弱勢群體幾乎無法得到任何協助，都讓抗議的民怨如洪水破閘而出。這波抗議活動，表現的形式包括：年輕人在網路參戰或是實際上街遊行，有顧客和股東提出各種新要求，有各種的訴訟與抵制，也有民眾用選票表達自己的意見。這些抗議活動都將氣候行動與氣候意識，推到了新的層次。加上經濟因素迅速變化，讓「拯救氣候危機」這件事愈來愈有吸引力，也就讓執政者更有責任要反思、推行我們需要的政治與系統性變革。

各國政府在 2015 年 12 月一致通過歷史性的《巴黎協定》，並以破紀錄的速度在各國批准為國內法，這件事也帶來了無可否認的正面效益。《巴黎協定》擘畫了對抗氣候變遷的統一戰略，如今世上主要大國都在推動，將能源體系完全轉換為使用可再生能源。美國的拜登總統在上任第一天，就決定重新加入《巴黎協定》，並將氣候問題列為主要施政議題。而包括美國、中國在內的各大經濟體、以及超過一千家大企業，也都致力於在二十一世紀中期達到淨零碳排放。某些企業與政府計劃在 2050 年以前就達到這項目標，甚至有些已然達成。

石油和天然氣公司正被逼著重新思考自己的將來，而且時程的緊迫是過去難以想像的。部分原因在於全球疫情使得需求量大減，但也有部分原因在於替代能源的風險正在迅速降低、也愈來愈有競爭力。對於大多數重要金融機構來說，由於太陽能和風能已成為全球多數國家最便宜的發電選項，煤炭也就不再是有利的投資標的。資金正果斷的從高碳投資轉向低碳投資。

目前，雖然我們才剛起步，但方向正確且堅定，決心徹底改變能源的生產及消費方式；而這又回過頭來，在產業、交通運輸和農業上帶來深遠的改變。

兩種現實黃金交叉

對許多人來說，這些改變的步調還不夠快，而且有鑑於眼前危機的規模，像現在這樣逐步調整目標設定，實在差強人意。雖然多年來，有不少政府還在猶豫，但是環保主義人士和氣候行動鬥士在幕後運作，努力為必要的變革奠定基礎。現在終於基礎足夠強健了，能夠讓行動呈指數式爆發，以我們需要的速度真正向前邁進。一般來說，改變都是先逐漸發展，接著突然爆發。而氣候行動現在也終於開花結果，來到了「突然爆發」的階段，證據就展現在我們這輩子所見，最激動人心的經濟轉型上。

以上談到的兩種現實互相拉扯競爭，各自代表不同的可能未來（一個是反烏托邦的未來，另一個則是可再生的未來），動力態勢不相上下（雖然多數人可能認為，反烏托邦的未來更有可能成真）。如果我們將這兩種現實視覺化，畫成圖表上隨時間發展的線條，我們相信在此時此刻、關鍵的 2020 年代初始，我們終於看到了黃金交叉！終於，想要保護環境、恢復再生全球公共財的動力，超越了破壞環境的動力。正因為這兩道可能的軌跡事關重大，讓活在當下這個時刻，特別令人激動——我們就像是享有某種特權，雖然感到迷惘，但也同時感到振奮！

我們現在的責任就是繼續去強化自己想要的那種未來軌跡，而且我們現在背後的推力可說是史上最強，有各種社會和政治成就、大部分（甚至是所有）可能需要的科技、必要的資本，也知道哪些政策最有效力。雖然我們需要推動的改革都絕非小事，但我們絕對有能力做到！

如果未來回顧 2020 年代這十年，像是歷史學者回顧文藝復興、啟蒙運動或數位革命，就會發現這是一個真正的轉捩點：在理性、科技、人本主義哲學的基礎上，我們有機會欣然接受自己與大自然彼此之間的相互依存，走上了一條康莊大道。

在這十年，人類活動的溫室氣體排放將開始下降，隨之而來的是新型態的工作機會增加了、人類健康改善了，能源與糧食安全有所改進，空氣更為潔淨、生物多樣性更為蓬勃，人類社會也更為繁榮。在這十年，我們終於知道自己確實熱愛生命、熱愛自己、熱愛彼此，愛到足以拯救自己。

共譜這個激動人心的篇章

我們兩位作者，可以說一腳站在憤怒之中，一腳踩在樂觀之中，腦海裡想著還有什麼目標能夠完成，思緒不斷狂奔。而我們要邀請讀者和我們站在一起，瞭解我們眼前面對的兩種現實，擁抱固執的樂觀（本書已用了整整一章，來談怎麼做到這件事），推動我們所需要的改變。

我們如何為所有人打造出一個生機勃勃的地球，讓所有地方的所有人享受幸福快樂，將會是人類歷史上最動人的一章。這本書能夠做為導引，請讓我們共譜這個激動人心的篇章。

誌謝

首先要感謝我們的家人與導師，他們塑造並引導了我們的世界觀。這些人包括：José Figueres Ferrer、Kofi Annan、Thich Nhat Hanh、Bee Rivett-Carnac、Nigel Topping、Antony Turner、Paul Dickinson、Fraser Durham、Howard and Sue Lamb、Vivienne and Michael Zammit Cutajar、True Dedication 師姊、Phap Lai 師兄，以及 Phap Linh 師兄。

就許多方面而言，這本書展現的是促成 2015 年《巴黎協定》的人共同的成果，以及在協定之後，眾人繼續確保我們迎向時代挑戰的努力。

還有許多人，是我們深深信任的朋友，提出各種建言，對於我們發展及修正書中的想法提供了直接的幫助。對於他們耐心審閱、提出充滿智慧的想法，我們深表感謝。其中特別想提到的包括：Natasha Rivett-Carnac、Jesse Abrams、Stephanie Antonian、Rosina Birbaum、Amanda Eichel、Nick Foster、Thomas Friedman、Sarah Goodenough、Callum Grieve、Dave Hicks、Andrew Higham、John Holdren、Sarah Hunter、Merlin Hyman、Raj Joshi、Andy Karsner、Satish Kumar、Graham Leicester、Lindsay Levin、

Thomas Lingard、Thomas Lovejoy、Mark Lynas、Michael Mann、Marina Mansilla Hermann、Mark Maslin、Bill McKibben、Jennifer Morgan、Jules Peck、Matthew Phillips、Brooks Preston、Shyla Raghav、Chloe Revill、Mike Rivett-Carnac、Bill Sharpe、Nicholas Stern、Betsy Taylor、Anne Topping、Patrick Verkooijen、Daniel Wahl、Steve Waygood、Martin Weinstein，以及 Kerem Yilmaz。還要再特別感謝的有 Zoe Tcholak-Antich、Lauren Hamlin，以及 Victoria Harris。

還有一份更長的朋友及同事名單，他們在一路上與我們共同促成了《巴黎協定》，也正攜手同行，讓全世界繼續設法處理氣候危機、選擇一個更好的未來。這份名單難以盡列，但是請容我們特別感謝：Alejandro Agag、Lorena Aguilar、Fahad Al Attiya、Ken Alex、Ali AlNaimi、Carlos Alvarado Quesada、Christiane Amanpour、Chris Anderson、Mats Andersson、Monica Araya、John Ashford、David Attenborough、AURORA、Mariana Awad、Peter Bakker、Vivian Balakrishnan、Ajay Banga、Greg Barker、Ecumenical Patriarch Bartholomew、Nicolette Bartlett、Oliver Bäte、Kevin Baumert、Marc Benioff、Jeff Bezos、Dean Bialek、Sue Biniaz、Fatih Birol、Michael Bloomberg、May Boeve、Gail Bradbrook、Piers Bradford、Richard Branson、Jesper Brodin、Tom Brookes、Jerry Brown、Sharan Burrow、Felipe Calderon、Kathy Calvin、Mark Campanale、Miguel Arias Cañete、Mark Carney、

Clay Carnill、Andrea Correa do Lago、Anne-Sophie Cerisola、Robin Chase、Sagarika Chatterjee、Tomas Anker Christensen、Pilita Clark、Helen Clarkson、Jo Confino、Aron Cramer、David Crane、John Danilovich、Conyers Davis、Tony de Brum、Bernaditas de Castro Muller、Brian Deese、Claudio Descalzi、Leonardo DiCaprio、Paula DiPerna、Elliot Diringer、Sandrine Dixson Decleve、Ahmed Djoghlaf、Claudia Dobles Camargo、Alister Doyle、José Manuel Entrecanales、Hernani Escobar、Patricia Espinosa、Emmanuel Faber、Nathan Fabian、Laurent Fabius、Emily Farnworth、Daniel Firger、James Fletcher、Pope Francis、Gail Gallie、Grace Gelder、Kristalina Georgieva、Cody Gildart、Jane Goodall、Al Gore、Kimo Goree、Ellie Goulding、Mats Granryd、Jerry Greenfield、Ólafur Grímsson、Sally Grover Bingham、Emmanuel Guerin、Kaveh Guilanpour、Stuart Gulliver、Angel Gurria、Antonio Guterres、William Hague、Thomas Hale、Brad Hall、Winnie Hallwachs、Simon Hampel、Kate Hampton、Yuval Noah Harari、Jacob HeatleyAdams、Julian Hector、Hilda Heine、Ned Helme、Barbara Hendricks、Jamie Henn、Anne Hidalgo、François Hollande、Emma Howard Boyd、Stephen Howard、Arianna Huffington、Kara Hurst、Mo Ibrahim、Jay Inslee、Natalie Isaacs、Maria Ivanova、Lisa Jackson、Lisa Jacobson、Dan Janzen、Michel Jarraud、Sharon Johnson、Kelsey Juliana、Yolanda Kakabadse、Lila

Karbassi、Iain Keith、Mark Kenber、John Kerry、Sean Kidney、Jim Kim、Ban Ki-moon、Lise Kingo、Richard Kinley、Sister Jayanti Kirpalani、Isabelle Kocher、Caio Koch-Weser、Marcin Korolec、Larry Kramer、Kalee Kreider、Kishan Kumarsingh、Rachel Kyte、Christine Lagarde、Philip Lambert、Dan Lashof、Penelope Lea、Guilherme Leal、Bernice Lee、Jeremy Leggett、Thomas Lingard、Andrew Liveris、Hunter Lovins、Mindy Lubber、Miguel Ángel Mancera Espinosa、Gina McCarthy、Stella McCartney、Bill McDonouh、Catherine McKenna、Sonia Medina、Bernadette Meehan、Johannes Meier、Maria Mendiluce、Antoine Michon、David Miliband、Ed Miliband、Amina Mohammed、Jennifer Morris、Tosi Mpanu-Mpanu、Nozipho Mxakato-Diseko、Kumi Naidoo、Nicole Ng、Maite Nkoana-Mashabane、Indra Nooyi、Michael Northrop、Tim Nuthall、Bill Nye、Jean Oelwang、Rafe Offer、Ngozi Okonjo-Iweala、Hindou Oumarou Ibrahim、Kevin O Hanlon、René Orellana、Ricken Patel、Jose Penido、Charlotte Pera、Jonathan Pershing、Stephen Petricone、Stephanie Pfeifer、Shannon Phillips、Bertrand Piccard、François-Henri Pinault、John Podesta、Paul Polman、Ian Ponce、Carl Pope、Jonathon Porritt、Patrick Pouyanne、Manuel Pulgar Vidal、Tracy Raczek、Jairam Ramesh、Curtis Ravenell、Robin Reck、Geeta Reddy、Dan Reifsnyder、Fiona Reynolds、Ben Rhodes、Alex Rivett-Carnac、

Chris Rivett-Carnac、Nick Robins、Jim Robinson、Mary Robinson、Cristiam Rodriguez、Matthew Rodriguez、Kevin Rudd、Mark Ruffalo、Artur Runge-Metzger、Karsten Sach、Claudia Salerno Caldera、Fredric Samama、Richard Samans、M. Sanjayan、Steve Sawyer、Jerome Schmitt、Kirsty Schneeberger、Seth Schultz、Klaus Schwab、Arnold Schwarzenegger、Jeff Seabright、Maros Sefcovic、Leah Seligmann、Peter Seligmann、Oleg Shamanov、Kevin Sheekey、Feike Sijbesma、Nat Simons、Paul Simpson、Michael Skelly、Erna Solberg、Andrew Steer、Achim Steiner、Todd Stern、Tom Steyer、Irene Suárez、Mustafa Suleyman、Terry Tamminen、Ratan Tata、Astro Teller、Tessa Tenant、Halldór Thorgeirsson、Greta Thunberg、Svante Thunberg、Susan Tierney、Halla Tomasdottir、Laurence Tubiana、Keith Tuffley、Jo Tyndall、Hamdi Ulukaya、Gino van Begin、Ben van Beurden、Andy Vesey、Mark Watts、Dominic Waughray、Meridith Webster、Scott Weiner、Helen Wildsmith、Antha Williams、Dessima Williams、Mark Wilson、Justin Winters、Martin Wolf、Farhana Yamin、Zhang Yue、Mohammed Yunus、Jochen Zeitz，以及解振華。

我們還要感謝在《聯合國氣候變遷綱要公約》祕書處的所有傑出同事，總是無微不至的聯合國安全人員，以及堪稱典範的「2020 任務」(Mission 2020) 團隊。

若非我們有幸和 Knopf 與 Bonnier 兩家出版社合作，這本書不可能成真，過程更多虧了兩家出版社的優秀編輯團隊，分別由 Erroll McDonald 與 Margaret Stead 領軍。

先前，我們構思這本書長達兩年，但幾乎沒有任何進度，在 2018 年 9 月遇上 Doug Abrams，可說是真正的轉捩點。他和 Idea Architects 出版社的同事，讓我們有了全新的寫作方式，要不是他們，這項計畫不可能實現。就許多層面來說，都是他們讓本書得以啟動，除了 Doug 之外，還要感謝文字大師 Lara Love，效率過人的 Ty Gideon Love。也要感謝 Caspian Dennis、Sandy Violette、在 Abner Stein 經紀公司的整個團隊，以及 Camilla Ferrier、Jemma McDonagh、在 Marsh Agency 經紀公司的整個團隊。

致謝的最後，也絕不能漏了我們親密的朋友與家人，是他們在成書的過程一路陪伴。實際下筆的那幾個月裡，我們的生活出現幾項真正重大的事件，有悲有喜。其中，過世的包括菲格雷斯的弟弟 Mariano、哥哥 Martí；里維特－卡納克的岳母 Irene Walter；Doug 的父親 Richard Abrams。但這期間也有菲格雷斯的女兒 Yihana 幸福成婚。我們最後只剩下深深的感謝，感謝身邊的人慷慨、耐心的陪伴著我們度過，特別是：Naima Ritter、Yihana Ritter、Kirsten Figueres、Mariano Figueres、Chaco Delgado、David Hall、Ron Walter、Diana Strike、Sara Rivett-Carnac，以及 Natasha Rivett-Carnac。

你們是我們的過去、現在、與未來。

注解

引言　關鍵的十年

1 Charles Keeling, "The Concentration and Isotopic Abundances of Carbon Dioxide in the Atmosphere," *Tellus* 12, no. 2 (1960): 200- 203, https://onlinelibrary.wiley.com/doi/epdf/10.1111/j.2153-3490.1960.tb01300.x. 加州大學戴維斯分校的斯克里普斯海洋研究所（Scripps Institution of Oceanography）留存有自從 1958 年以來的所有全球大氣二氧化碳濃度資料，不斷更新基林曲線（Keeling Curve）：https://scripps.ucsd.edu/programs/keelingcurve/。

2 David Neild, "This Map Shows Where in the World Is Most Vulnerable to Climate Change," *ScienceAlert,* February 19, 2016, https://www.sciencealert.com/this-map-shows-the-parts-of-the-world-most-vulnerable-to-climate-change.

3 以下兩篇文章清楚解釋了相關科學，也提供清楚易懂的圖說：D. Piepgrass, "How Could Global Warming Accelerate If CO_2 Is 'Logarithmic'? " Skeptical Science, March 28, 2018, https://skeptical science.com/why-global-warming-can-accelerate.html; Aarne Granlund, "Three Things We Must Understand About Climate Breakdown," Medium, August 30, 2017, https://medium.com/@aarnegranlund/three-things-we-dont-understand-about-climate-change-c59338a1c435.

4 Neild, "This Map Shows Where in the World Is Most Vulnerable to Climate Change."

5 包括在英美兩國，例如：Sandra Laville, "Two-thirds of Britons Want Faster Action on Climate, Poll Finds," *Guardian* (U.S.edition), June 19, 2019, https://www.theguardian.com/environment/2019/jun/19/britons-want-faster-action-climate-poll; Valerie Volcovici, "Americans Demand Climate Action (As Long As It Doesn't Cost Much): Reuters Poll," Reuters, June 26, 2019, https://www.reuters.com/article/us-usa-election-climatechange/americans-demand-climate-action-reuters-poll-idUSKCN1TR15W.

6 Elizabeth Howell, "How Long Have Humans Been on Earth?" Universe Today, January 19, 2015, https://www.universetoday.com/38125/how-long-have-humans-been-on-earth/; Chelsea Harvey, "Scientists Say That 6,000 Years Ago, Humans Dramatically Changed How Nature Works," *Washington Post*, December 16, 2015,

https://www.washingtonpost.com/news/energy-environment/wp/2015/12/16/humans-dramatically-changed-how-nature-works-6000-years-ago/.

7 Margherita Giuzio, Dejan Krusec, Anouk Levels, Ana Sofia Melo, et al., "Climate Change and Financial Stability," *Financial Stability Review*, May 2019, https://www.ecb.europa.eu/pub/financial-stability/fsr/special/html/ecb.fsrart201905_1~47cf778cc1.en.html.

8 Megan Mahajan, "Plunging Prices Mean Building New Renewable Energy Is Cheaper Than Running Existing Coal," *Forbes*, December 3, 2018 (updated May 6, 2019), https://www.forbes.com/sites/energy innovation/2018/12/03/plunging-prices-mean-building-new-renewable-energy-is-cheaper-than-running-existing-coal/#61a0db2631f3.

9 Fossil Free, "What Is Fossil Fuel Divestment?" https://gofossilfree.org/divestment/what-is-fossil-fuel-divestment/.

10 Chris Flood, "Climate Change Poses Challenge to Long-Term Investors," *Financial Times*, April 22, 2019, https://www.ft.com/content/992 ba12a-c02a-3bca-b947-0e2fbc5e91b7.

第 1 章　選擇我們的未來

1 關於冰期的更多資訊，可參見例如：Michael Marshall, "The History of Ice on Earth," *New Scientist,* May 24, 2010, https://www.newscientist.com/article/dn18949-the-history-of-ice-on-earth/。

2 全球人口預計將於 2050 年來到 98 億。United Nations Department of Economic and Social Affairs, "Growing at a Slower Pace, World Population Is Expected to Reach 9.7 Billion in 2050 and Could Peak at Nearly 11 Billion around 2100," June 17, 2019, https://www.un.org/development/desa/en/news/population/world-population-prospects-2019.html.

3 Daniel Christian Wahl, "Learning from Nature and Designing as Nature: Regenerative Cultures Create Conditions Conducive to Life," Biomimicry Institute, September 6, 2016, https://biomimicry.org/learning-nature-designing-nature-regenerative-cultures-create-conditions-conducive-life/.

4 工業革命以及化石燃料使用的爆炸性成長，讓整個方向有所改變。更多相關資訊請參見：History.com, "Industrial Revolution," July 1, 2019 (updated September 9,

2019), https://www.history.com/topics/industrial-revolution/industrial-revolution for a history of the Industrial Revolution；關於化石燃料用途的發展，參見：Hannah Ritchie and Max Roser, "Fossil Fuels," Our World in Data, https://ourworldindata.org/fossil-fuels。

5 National Aeronautics and Space Administration, "Changes in the Carbon Cycle," NASA Earth Observatory, June 16, 2011, https://earth observatory.nasa.gov/features/CarbonCycle/page4.php.

6 Rémi d'Annunzio, Marieke Sandker, Yelena Finegold, and Zhang Min, "Projecting Global Forest Area Towards 2030," *Forest Ecology and Management* 352 (2015): 124-33, https://www.sciencedirect.com/science/article/pii/S0378112715001346; John Vidal, "We Are Destroying Rainforests So Quickly They May Be Gone in 100 Years," *Guardian* (U.S. edition), January 23, 2017, https://www.theguardian.com/global-development-professionals-network/2017/jan/23/destroying-rainforests-quickly-gone-100-years-deforestation.

7 Josh Gabbatiss, "Earth Will Take Millions of Years to Recover from Climate Change Mass Extinction, Study Suggests," *Independent*, April 8, 2019, https://www.independent.co.uk/environment/mass-extinction-recovery-earth-climate-change-biodiversity-loss-evolution-a8860326.html.

8 Richard Gray, "Sixth Mass Extinction Could Destroy Life as We Know It—Biodiversity Expert," *Horizon*, March 4, 2019, https://horizon-magazine.eu/article/sixth-mass-extinction-could-destroy-life-we-know-it-biodiversity-expert.html; Gabbatiss, "Earth Will Take Millions of Years."

9 LuAnn Dahlman and Rebecca Lindsey, "Climate Change: Ocean Heat Content," Climate.gov, August 1, 2018, https://www.climate.gov/news-features/understanding-climate/climate-change-ocean-heat-content.

10 Lauren E. James, "Half of the Great Barrier Reef Is Dead," *National Geographic*, August 2018, https://www.nationalgeographic.com/magazine/2018/08/explore-atlas-great-barrier-reef-coral-bleaching-map-climate-change/.

11 T. Schoolmeester, H. L. Gjerdi, J. Crump, et al., *Global Linkages: A Graphic Look at the Changing Arctic, Rev. 1* (Nairobi and Arendal: UN Environment and GRID-Arendal, 2019), http://www.grida.no/publications/431.

12 National Aeronautics and Space Administration, "As Seas Rise, NASA Zeros In: How Much? How Fast?" August 3, 2017, https://www.nasa.gov/goddard/risingseas.

13 Joseph Stromberg, "What Is the Anthropocene and Are We in It?"*Smithsonian*, January 2013, https://www.smithsonianmag.com/science-nature/what-is-the-anthropocene-and-are-we-in-it-164801414/.

14 討論可參見：Darrell Moellendorf, "Progress, Destruction, and the Anthropocene," *Social Philosophy and Policy* 34, no.2 (2017): 66-88。另可參考 UCTV 的紀錄片 *Anthropocene: The Human Epoch*, 2018, https://theanthropocene.org/film/。

15 完整的解釋請參見：Intergovernmental Panel of Climate Change, "Special Report: Global Warming of 1.5 ºC," 2018, https://www.ipcc.ch/sr15/。

16 Nebojsa Nakicenovic and Rob Swart, eds., *Special Report on Emissions Scenarios* (Cambridge, UK: Cambridge University Press, 2000), https://www.ipcc.ch/report/emissions-scenarios/.

第 2 章　我們正在創造的悲慘世界

1 Department of Public Health, Environmental and Social Determinants of Health, World Health Organization, "Ambient Air Pollution: Health Impacts," https://www.who.int/airpollution/ambient/health-impacts/en/.

2 Greenpeace Southeast Asia, "Latest Air Pollution Data Ranks World's Cities Worst to Best," March 5, 2019, https://www.greenpeace.org/southeastasia/press/679/latest-air-pollution-data-ranks-worlds-cities-worst-to-best/.

3 "Cloud Seeding," ScienceDirect, https://www.sciencedirect.com/topics/earth-and-planetary-sciences/cloud-seeding.

4 所謂酸雨，指的是含有大量硝酸與硫酸的各種降水，也可能是雪或霧的形態。正常的雨水為弱酸性，pH 值為 5.6；酸雨的 pH 值則介於 4.2 到 4.4 之間。酸雨多半是人類活動的產物，最大的來源是燃煤電廠、工廠和汽車。參見：Christina Nunez, "Acid Rain Explained," *National Geographic*, February 28, 2019, https://www.nationalgeographic.com/environment/global-warming/acid-rain/。

5 Heather Smith, "Will Climate Change Move Agriculture Indoors? And Will That Be a Good Thing?" Grist, February 3, 2016, https://grist.org/food/will-climate-change-move-agriculture-indoors-and-will-that-be-a-good-thing/.

6 Johan Rockström, "Climate Tipping Points," Global Challenges Foundation, https://www.globalchallenges.org/en/our-work/annual-report/climate-tipping-points.

7 David Wallace-Wells, *The Uninhabitable Earth: Life After Warming* (New York: Tim Duggen Books, 2019)。

8 Great Barrier Reef Marine Park Authority, "Climate Change," 2018, http://www.gbrmpa.gov.au/our-work/threats-to-the-reef/climate-change.

9 Aylin Woodward, "One of Antarctica's Biggest Glaciers Will Soon Reach a Point of Irreversible Melting," *Business Insider France*, July 9, 2019, http://www.businessinsider.fr/us/antarctic-glacier-on-way-to-irreversible-melt-2019-7.

10 Roz Pidcock, "Interactive: What Will 2C and 4C of Warming Mean for Sea Level Rise?" Carbon Brief, September 11, 2015, https://www.carbonbrief.org/interactive-what-will-2c-and-4c-of-warming-mean-for-global-sea-level-rise; Josh Holder, Niko Kommenda, and Jonathan Watts, "The Three-Degree World: The Cities That Will Be Drowned by Global Warming," *Guardian* (U.S. edition), November 3, 2017, https://www.theguardian.com/cities/ng-interactive/2017/nov/03/three-degree-world-cities-drowned-global-warming.

11 United Nations Climate Change News, "Climate Change Threatens National Security, Says Pentagon," October 14, 2014, https://unfccc.int/news/climate-change-threatens-national-security-says-pentagon. 更多有用的資訊請參見：American Security Project, "Climate Security Is National Security," https://www.americansecurityproject.org/climate-security/。

12 Polar Science Center, "Antarctic Melting Irreversible in 60 Years," http://psc.apl.uw.edu/antarctic-melting-irreversible-in-60-years/.

13 Ocean Portal Team, "Ocean Acidification," Smithsonian Institute, April 2018, https://ocean.si.edu/ocean-life/invertebrates/ocean-acidification.

14 Chang-Eui Park, Su-Jong Jeong, Manoj Joshi, et al., "Keeping Global Warming Within 1.5 ° C Constrains Emergence of Aridification," *Nature Climate Change* 8, no. 1 (January 2018): 70-74.

15 Regan Early, "Which Species Will Survive Climate Change?" *Scientific American*, February 17, 2016, https://www.scientificamerican.com 83647/article/which-species-will-survive-climate-change/.

16 Scientific Expert Group on Climate Change and Sustainable Development, "Confronting Climate Change: Avoiding the Unmanageable and Managing the Unavoidable," Sigma Xi, February 2007, https://www.sigmaxi.org/docs/default-source/Programs-Documents/Critical83647-Issues-in-Science/executive-summary-of-confronting-climate83647-change.pdf.

17 關於氣候變遷可能對這些河川系統造成的風險，更多相關資訊請參見：John Schwartz, "Amid 19-Year Drought, States Sign Deal to Conserve Colorado River Water," *New York Times*, March 19, 2019, https://www.nytimes.com/2019/03/19/climate/colorado-river-water.html; Sarah Zielinski, "The Colorado River Runs Dry," *Smithsonian*, October 2010, https://www.smithsonianmag.com/science-nature/the-colorado-river-runs-dry-61427169/; "Earth Matters: Climate Change Threatening to Dry Up the Rio Grande River, a Vital Water Supply," CBS News, April 22, 2019, https://www.cbsnews.com/news/earth-day-2019-climate-change-threatening-to-dry-up-rio-grande-river-vital-water-supply/。

18 Gary Borders, "Climate Change on the Rio Grande," *World Wildlife Magazine*, Fall 2015, https://www.worldwildlife.org/magazine/issues/fall-2015/articles/climate-change-on-the-rio-grande.

19 Brian Resnick, "Melting Permafrost in the Arctic Is Unlocking Diseases and Warping the Landscape," Vox, September 26, 2019, https://www.vox.com/2017/9/6/16062174/permafrost-melting.

20 "How Climate Change Can Fuel Wars," *Economist*, May 23, 2019, https://www.economist.com/international/2019/05/23/how-climate-change-can-fuel-wars.

21 Silja Klepp, "Climate Change and Migration," *Oxford Research Encyclopedias: Climate Science*, April 2017, https://oxfordre.com/climate science/view/10.1093/acrefore/9780190228620.001.0001/acrefore-9780190228620-e-42.

22 Resnick, "Melting Permafrost."

23 Derek R. MacFadden, Sarah F. McGough, David Fisman, Mauricio Santillana, and John S. Brownstein, "Antibiotic Resistance Increases with Local Temperature," *Nature*, May 21, 2018, https://www.nature.com/articles/s41558-018-0161-6.

第 3 章　我們必須創造的綠色世界

1　P. J. Marshall, "Reforestation: The Critical Solution to Climate Change," Leonardo DiCaprio Foundation, December 7, 2018, https://www.leonardodicaprio.org/reforestation-the-critical-solution-to-climate-change/.

2　Julio Díaz 是馬德里國立公共衛生學校（National School of Public Health，隸屬於卡洛斯三世健康研究所，Carlos III Health Institute）的公衛暨環境專家，他指出，腎臟疾病和神經退化性疾病（例如帕金森氏症）的病人，在天氣炎熱時會更常需要就醫。而天氣過熱時，也會增加早產和低出生率的風險。引用自：Manuel Planelles, "More Than a Feeling: Summers in Spain Really Are Getting Longer and Hotter," *El País*, April 3, 2019, https://elpais.com/elpais/2019/04/03/inenglish/1554279672_888064.html。

3　E. O. Wilson Biodiversity Foundation, "Half-Earth: Our Planet's Fight for Life," https://eowilsonfoundation.org/half-earth-our-planet-s-fight-for-life/; Emily E.Adams, "World Forest Area Still on the Decline," Earth Policy Institute, August 31, 2012, http://www.earth-policy.org/indicators/C56/forests_2012.

4　Project Drawdown, "Tree Intercropping," https://www.drawdown.org/solutions/food/tree-intercropping; Project Drawdown, "Silvopasture," https://www.drawdown.org/solutions/food/silvopasture.

5　Petra Todorovich and Yoav Hagler, "High-Speed Rail in America," America 2050, January 2011, http://www.america2050.org/pdf/HSR-in-America-Complete.pdf; Anton Babadjanov, "Can We Replace Cross-Country Air with Rail Travel? Yes, We Can!" Seattle Transit Blog, February 15, 2019, https://seattletransitblog.com/2019/02/15/can-we-replace-cross-country-air-with-rail-travel-yes-we-can/.

6　Project Drawdown, "Nuclear," https://www.drawdown.org/solutions/electricity-generation/nuclear. 同時可參見：Union of Concerned Scientists, "Nuclear Power & Global Warming," May 22, 2015 (updated November 8, 2018), https://www.ucsusa.org/nuclear-power/nuclear-power-and-global-warming。

7　RMIT University, "Solar Paint Offers Endless Energy from Water Vapor," ScienceDaily, June 14, 2017, https://www.sciencedaily.com/releases/2017/06/170614091833.htm.

8　Global Water Scarcity Atlas, "Desalination Powered by Renewable Energy," https://waterscarcityatlas.org/desalination-powered-by-renewable-energy/.

9　Project Drawdown, "Pasture Cropping," https://www.drawdown.org/solutions/comingattractions/pasture-cropping. 同時可參見：Taylor Mooney, “What Is Regenerative Farming? Experts Say It Can Combat Climate Change,” CBS News, July 28, 2019, https://www.cbsnews.com/news/what-is-regenerative-farming-cbsn-originals/。

10 關於氣候變遷與食物價格的更多資訊，參見：Nitin Sethi, “Climate Change Could Cause 29% Spike in Cereal Prices: Leaked UN Report,” *Business Standard*, July 15, 2019, https://www.business-standard.com/article/current-affairs/climate-change-could-cause-29-spike-in-cereal-prices-leaked-un-report-119071500637_1.html。

11 關於「食物本來就應該要很昂貴」這項概念的更多資訊，參見：Anna Behrend, “What Is the True Cost of Food?” *Spiegel Online*, April 2, 2016, https://www.spiegel.de/international/tomorrow/the-true-price-of-foodstuffs-a-1085086.html; Megan Perry, “The Real Cost of Food,” Sustainable Food Trust, November 2015, https://sustainablefoodtrust.org/articles/the-real-cost-of-food/.

12 Sarah Gibbens, “Eating Meat Has ‘Dire’ Consequences for the Planet, Says Report,” *National Geographic*, January 16, 2019, https://www.nationalgeographic.com/environment/2019/01/commission-report-great-food-transformation-plant-diet-climate-change/.

13 Fisheries and Aquaculture Department, Food and Agriculture Organization of the United Nations, “Climate Change Mitigation Strategies,” September 28, 2016, http://www.fao.org/fishery/topic/166280/en.

14 Jennifer L. Pomeranz, Parke Wilde, Yue Huang, Renata Micha, and Dariush Mozaffarian, “Legal and Administrative Feasibility of a Federal Junk Food and Sugar-Sweetened Beverage Tax to Improve Diet,” *American Journal of Public Health*, January 10, 2018, https://ajph.apha publications.org/doi/10.2105/AJPH.2017.304159; Arlene Weintraub, “Should We Tax Junk Foods to Curb Obesity?” *Forbes*, January 10, 2018, https://www.forbes.com/sites/arleneweintraub/2018/01/10/should-we-tax-junk-foods-to-curb-obesity/；墨西哥和匈牙利正在規劃對垃圾食物徵稅，參見：Julia Belluz, “Mexico and Hungary Tried Junk Food Taxes—and They Seem to Be Working,” Vox, January 17, 2018 (updated April 6, 2018), https://www.vox.com/2018/1/17/16870014/junk-food-tax。

15 大多數國家從 2030 年起禁止製造汽車，這件事已經在發生：”China’s Hainan Province to End Fossil Fuel Car Sales in 2030,” Phys.org, March 6, 2019, https://phys.org/news/2019-03-china-hainan-province-fossil-fuel.html。

16 英國已經出現超低碳排區：Tom Edwards, "ULEZ: The Most Radical Plan You've Never Heard Of," BBC News, March 26, 2019, https://www.bbc.com/news/uk-england-london-47638862。

17 Smart Energy International, "Storage Advancements Fast-Track New Power Projects, Experts Say," June 21, 2018, https://www.smart-energy.com/news/energy-storage-new-power-projects/.

18 Adela Spulber and Brett Smith, "Are We Building the Electric Vehicle Charging Infrastructure We Need?" *IndustryWeek,* November 21, 2018, https://www.industryweek.com/technology-and-iiot/are-we-building-electric-vehicle-charging-infrastructure-we-need.

19 Echo Huang, "By 2038, the World Will Buy More Passenger Electric Vehicles Than Fossil-Fuel Cars," Quartz, May 15, 2019, https://qz.com/1618775/by-2038-sales-of-electric-cars-to-overtake-fossil-fuel-ones/; Jesper Berggreen, "The Dream Is Over—Europe Is Waking Up to a World of Electric Cars," CleanTechnica, February 17, 2019, https://cleantechnica.com/2019/02/17/the-dream-is-over-europe-is-waking-up-to-a-world-of-electric-cars/.

20 在 2019 年已經達到這樣的加速目標。參見：James Gilboy, "The Porsche Taycan Will Do Zero-to-60 in 3.5 Seconds," The Drive, August 17, 2018, https://www.thedrive.com/news/22984/the-porsche-taycan-will-do-zero-to-60-in-3-5-seconds；改裝傳統車的做法也已經開始上路：Robert C.Yeager, "Vintage Cars with Electric-Heart Transplants," *New York Times*, January 10, 2019, https://www.nytimes.com/2019/01/10/business/electric-conversions-classic-cars.html.

21 United Nations Department of Economic and Social Affairs, "68% of the World Population Projected to Live in Urban Areas by 2050, Says UN," May 16, 2018, https://www.un.org/development/desa/en/news/population/2018-revision-of-world-urbanization-prospects.html.

22 David Dudley, "The Guy from Lyft Is Coming for Your Car," CityLab, September 19, 2016, https://www.citylab.com/transportation/2016/09/the-guy-from-lyft-is-coming-for-your-car/500600/.

23 Annie Rosenthal, "How 3D Printing Could Revolutionize the Future of Development," Medium, May 1, 2018, https://medium.com/@plus_socialgood/how-3d-printing-could-revolutionize-the-future-of-development-54a270d6186d; Elizabeth Royte, "What Lies Ahead for 3D Printing?" *Smithsonian*, May 2013, https://www.smithsonianmag.com/

science-nature/what-lies-ahead-for-3-d-printing-37498558/.

24 Marissa Peretz, "The Father of Drones' Newest Baby Is a Flying Car,"*Forbes*, July 24, 2019, https://www.forbes.com/sites/marissaperetz/2019/07/24/the-father-of-drones-newest-baby-is-a-flying-car/.

25 「慢度假」的做法早在十七世紀到十九世紀，已風行一時，也就是當時的「壯遊」(Grand Tour)。參見：Richard Franks, "What Was the Grand Tour and Where Did People Go?" Culture Trip, December 4, 2017, https://theculturetrip.com/europe/articles/what-was-the-grand-tour-and-where-did-people-go/。

26 International Organization for Migration mission statement, https://www.iom.int/migration-and-climate-change-0. 同時參見：Erik Solheim and William Lacy Swing, "Migration and Climate Change Need to Be Tackled Together," United Nations Framework Convention on Climate Change, September 7, 2018, https://unfccc.int/news/migration-and-climate-change-need-to-be-tackled-together。

27 Richard B. Rood, "What Would Happen to the Climate If We Stopped Emitting Greenhouse Gases Today?" The Conversation, December 11, 2014. http://theconversation.com/what-would-happen-to-the-climate-if-we-stopped-emitting-greenhouse-gases-today-35011.

28 3D 列印版本已經能夠高速建起房屋。參見：Adele Peters, "This House Can Be 3D-Printed for $4,000," *Fast Company,* March 12, 2018, https://www.fastcompany.com/40538464/this-house-can-be-3d-printed-for-4000。

第 4 章　我們選擇成為怎樣的人

1 Joanna Macy and Chris Johnstone, *Active Hope: How to Face the Mess We're in Without Going Crazy* (San Francisco: New World Library, 2012), 32.

第 5 章　固執的樂觀

1 Kendra Cherry, "Learned Optimism," Verywell Mind, July 25, 2019, https://www.verywellmind.com/learned-optimism-4174101.

2 Jeremy Hodges, "Clean Energy Becomes Dominant Power Source in U.K.," *Bloomberg*, June 20, 2019, https://www.bloomberg.com/news/articles/2019-06-20/clean-energy-is-seen-as-dominant-source-in-u-k-for-first-time.

3 Jordan Davidson, "Costa Rica Powered by Nearly 100% Renewable Energy," EcoWatch, August 6, 2019, https://www.ecowatch.com/costa-rica-net-zero-carbon-emissions-2639681381.html.

4 Sammy Roth, "California Set a Goal of 100% Clean Energy, and Now Other States May Follow Its Lead," *Los Angeles Times*, January 10, 2019, https://www.latimes.com/business/la-fi-100-percent-clean-energy-20190110-story.html.

5 Václav Havel, *Disturbing the Peace: A Conversation with Karel Huizdala* (New York: Vintage Books, 1991), 181-82.

6 Rebecca Solnit, *Hope in the Dark: Untold Histories, Wild Possibilities*(Chicago: Haymarket Books, 2016), 4.

第 6 章　無窮的豐饒

1 Brad Lancaster, "Planting the Rain to Grow Abundance," lecture at TEDxTucson, March 6, 2017, https://www.youtube.com/watch?v=I2x DZlpInik.

2 American Sociological Association, "In Disasters, Panic Is Rare; Altruism Dominates," ScienceDaily, August 8, 2002, https://www.science daily.com/releases/2002/08/020808075321.htm.

3 Therese J. Borchard, "How Giving Makes Us Happy," Psych Central, July 8, 2018, https://psychcentral.com/blog/how-giving-makes-us-happy/.

4 Wikipedia, "November 2015 Paris Attacks," https://en.wikipedia.org/wiki/November_2015_Paris_attacks.

第 7 章　根本的再生

1 Richard Louv, *Last Child in the Woods: Saving Our Children from Nature-Deficit Disorder* (New York: Algonquin, 2005).

2 Gregory Bateson, *Steps to an Ecology of Mind* (Chicago: University of Chicago Press, 1972).

3 Daniel Christian Wahl, *Designing Regenerative Cultures* (Charmouth, UK: Triarchy Press, 2016), 267.

第 8 章　該做的事，義無反顧

1 就算能夠做到，地球也不會停止暖化。參見：Ute Kehse, "Global Warming Doesn't Stop When the Emissions Stop," Phys.org, October 3, 2017, https://phys.org/news/2017-10-global-doesnt-emissions.html.

2 Caitlin E. Werrell and Francesco Femia, "Climate Change Raises Conflict Concerns," *UNESCO Courier*, no. 2 (2018), https://en.unesco.org/courier/2018-2/climate-change-raises-conflict-concerns.

3 "Germany on Course to Accept One Million Refugees in 2015," *Guardian* (U.S. edition), December 7, 2015, https://www.theguardian.com/world/2015/dec/08/germany-on-course-to-accept-one-million-refugees-in-2015.

4 Benedikt Peters, "5 Reasons for the Far Right Rising in Germany," *Süddeutsche Zeitung*, https://projekte.sueddeutsche.de/artikel/politik/afd-5-reasons-for-the-far-right-rising-in-germany-e403522/.

5 非營利組織 Project Drawdown 也是一個很好的資訊來源，列出了一百種逆轉全球暖化的解決方案。

行動一：放下舊世界

6 Reality Check team, "Reality Check: Which Form of Renewable Energy Is Cheapest?" BBC News, October 26, 2018, https://www.bbc.com/news/business-45881551.

7 Michael Savage, "End Onshore Windfarm Ban, Tories Urge," *Guardian* (U.S. edition), June30, 2019, https://www.theguardian.com/environment/2019/jun/30/tories-urge-lifting-off-onshore-windfarm-ban.

8 Shannon Hall, "Exxon Knew About Climate Change Almost 40 Years Ago," *Scientific American*, October 26, 2015, https://www.scientific american.com/article/exxon-Knew-about-climate-change-almost-40-years-ago/.

9 Sarah Pruitt, "How the Treaty of Versailles and German Guilt Led to World War II," History.com, June 29, 2018 (updated June 3, 2019), https://www.history.com/news/treaty-of-versailles-world-war-ii-german-guilt-effects.

10 S.P., "What, and Who, Are France's 'Gilets Jaunes'?" *Economist*, November 27, 2018, https://www.economist.com/the-economist-explains/2018/11/27/what-and-who-are-frances-gilets-jaunes.

11 Alex Birkett, "Online Manipulation: All the Ways You're Currently Being Deceived," Conversion XL, November 19, 2015 (updated February 7, 2019), https://conversionxl.com/blog/online-manipulation-all-the-ways-youre-currently-being-deceived/.

行動二：勇敢面對悲傷，更要展望未來

12 Stephanie Pappas, "Shrinking Glaciers Point to Looming Water Shortages," *Live Science*, December 8, 2011, https://www.livescience.com/17379-shrinking-glaciers-water-shortages.html.

13 Bridget Alex, "Artic [*sic*] Meltdown: We're Already Feeling the Consequences of Thawing Permafrost," *Discover*, June 2018, http://discover magazine.com/2018/jun/something-stirs.

14 Fern Riddell, "Suffragettes, Violence and Militancy," British Library, February 6, 2018, https://www.bl.uk/votes-for-women/articles/suffra gettes-violence-and-militancy.

15 Office of the Historian, Department of State, "The Collapse of the Soviet Union," https://history.state.gov/milestones/1989-1992/collapse-soviet-union.

16 "Futurama: 'Magic City of Progress' " in *World's Fair: Enter the World of Tomorrow,* Biblion, http://exhibitions.nypl.org/biblion/worldsfair/enter-world-tomorrow-futurama-and-beyond/story/story-gmfuturama.

17 Abby Norman, "Aliens, Autonomous Cars, and AI: This Is the World of 2118," Futurism.com, January 11, 2018, https://futurism.com/2118-century-predictions; Matthew Claudel and Carlo Ratti, "Full Speed Ahead: How the Driverless Car Could Transform Cities," McKinsey & Company, August 2015, https://www.mckinsey.com/business-functions/sustainability/our-insights/full-speed-ahead-how-the-driverless-car-could-transform-cities.

18 Brad Plumer, "Cars Take Up Way Too Much Space in Cities. New Technology Could Change That," Vox, 2016, https://www.vox.com/a/new-economy-future/cars-cities-technologies; Vanessa Bates Ramirez, "The Future of Cars Is Electric, Autonomous, and Shared—Here's How We'll Get There," Singularity Hub, August 23, 2018, https://singularity hub.com/2018/08/23/the-future-of-cars-is-electric-autonomous-and-shared-heres-how-well-get-there/.

19 Tim Walker, "Maya Angelou Dies: 'You May Encounter Many Defeats, but You Must

Not Be Defeated,' " *Independent*, May 28, 2014, https://www.independent.co.uk/news/people/maya-angelou-dies-you-may-encounter-many-defeats-but-you-must-not-be-defeated-9449234.html.

20 "Martin Luther King Jr.—Biography," NobelPrize.org, https://www.nobelprize.org/prizes/peace/1964/king/biographical.

行動三：捍衛真相

21 Jonathan Swift, "The Art of Political Lying," *The Examiner,* Nov. 9, 1710, https://www.bartleby.com/209/633.html.

22 Soroush Vosoughi, Deb Roy, and Sinan Aral, "The Spread of True and False News Online," *Science*, March 9, 2018, https://science.sciencemag.org/content/359/6380/1146.full.

23 Carolyn Gregoire, "The Psychology of Materialism, and Why It's Making You Unhappy," *Huffington Post,* December 15, 2013 (updated December 7, 2017), https://www.huffpost.com/entry/psychology-materialism_n_4425982.

24 Encyclopaedia Britannica Online, "Confirmation Bias," https://www.britannica.com/science/confirmation-bias.

行動四：把自己視為公民，而非消費者

25 Ben Webster, "Britons Buy a Suitcase Full of New Clothes Every Year," *Times* (UK), October 5, 2018, https://www.thetimes.co.uk/article/britons-buy-a-suitcase-full-of-new-clothes-every-year-wxws895qd.

26 United Nations Climate Change News, "UN Helps Fashion Industry Shift to Low Carbon," United Nations Framework Convention on Climate Change, September 6, 2018, https://unfccc.int/news/un-helps-fashion-industry-shift-to-low-carbon.

27 Al Gore, *The Future: Six Drivers of Global Change* (New York: Random House, 2013), 159. 中文版《驅動大未來：牽動全球變遷的六個革命性巨變》，天下文化 2013 年出版。

28 Christina Gough, "Super Bowl Average Costs of a 30-Second TV Advertisement from 2002 to 2019 (in Million U.S. Dollars)," Statista, August 9, 2019, https://www.statista.com/statistics/217134/total-advertisement-revenue-of-super-bowls/.

29 Garett Sloane, "Amazon Makes Major Leap in Ad Industry with $10 Billion Year," Ad Age, January 31, 2019, https://adage.com/article/digital/amazon-makes-quick-work-ad-industry-10-billion-year/316468.

30 A. Guttmann, "Global Advertising Market—Statistics & Facts," Statista, July 24, 2018, https://www.statista.com/topics/990/global-advertising-market/.

31 A great article summing up the research can be found here: Tori DeAngelis, "Consumerism and Its Discontents," American Psychological Association, June 2004, https://www.apa.org/monitor/jun04/discontents.

32 出處同上。

33 Tony Seba and James Arbib, "Are We Ready for the End of Individual Car Ownership?" *San Francisco Chronicle,* July 10, 2017, https://www.sfchronicle.com/opinion/openforum/article/Are-we-ready-for-the-end-of-individual-car-11278535.php.

34 這裡有一篇文章及 podcast 值得參考：Hans-Werner Kaas, Detlev Mohr, and Luke Collins, "Self-Driving Cars and the Future of the Auto Sector," McKinsey & Company, August 2016, https://www.mckinsey.com/industries/automotive-and-assembly/our-insights/self-driving-cars-and-the-future-of-the-auto-sector。

行動五：超越化石燃料

35 Rosie McCall, "Millions of Fossil Fuel Dollars Are Being Pumped into Anti-Climate Lobbying," IFLScience, March 22, 2019, https://www.iflscience.com/environment/millions-of-fossil-fuel-dollars-are-being-pumped-into-anticlimate-lobbying/.

36 Eliot Whittington, "How Big Are Fossil Fuel Subsidies?" Cambridge Institute for Sustainability Leadership, https://www.cisl.cam.ac.uk/business-action/low-carbon-transformation/eliminating-fossil-fuel-subsidies/how-big-are-fossil-fuel-subsidies.

37 Global Studies Initiative, "What We Do: Fossil Fuel Subsidies and Climate Change," International Institute for Sustainable Development, https://www.iisd.org/gsi/what-we-do/focus-areas/renewable-energy-subsidies-fossil-fuel-phase-out.

38 Mark Carney, "Breaking the Tragedy of the Horizon—Climate Change and Financial Stability," speech given at Lloyd's of London, September 29, 2015, https://www.fsb.o–rg/wp-content/uploads/Breaking-the-Tragedy-of-the-Horizon-%E2%80%93-climate-change-and-financial-stability.pdf.

39 綠色金融合作網路體系的官網，請見：https://www.ngfs.net/en。參見：*A Call for Action: Climate Change as a Source of Financial Risk* (NGFS, April 2019, https://www.banque-france.fr/sites/default/files/media/2019/04/17/ngfs_first_comprehensive_report_-_17042019_0.pdf。

40 Moody's, "Moody's Acquires RiskFirst, Expanding Buy-Side Analytics Capabilities," press release, July 25, 2019, https://ir.moodys.com/news-and-financials/press-releases/press-release-details/2019/Moodys-Acquires-RiskFirst-Expanding-Buy-Side-Analytics-Capabilities/default.aspx.

41 Fatih Birol, "Renewables 2018: Market Analysis and Forecast from 2018 to 2023," International Energy Agency, October 2018, https://www.iea.org/renewables2018/.

42 RE100, "Companies," http://there100.org/companies.

43 David Roberts, "Utilities Have a Problem: The Public Wants 100% Renewable Energy, and Quick," Vox, October 11, 2018, https://www.vox.com/energy-and-environment/2018/9/14/17853884/utilities-renewable-energy-100-percent-public-opinion.

44 Stefan Jungcurt, "IRENA Report Predicts All Forms of Renewable Energy Will Be Cost Competitive by 2020," SDG Knowledge Hub, January 16, 2018, http://sdg.iisd.org/news/irena-report-predicts-all-forms-of-renewable-energy-will-be-cost-competitive-by-2020/.

45 United Nations Climate Change, "IPCC Special Report on Global Warming of 1.5° C," United Nations Framework Convention on Climate Change, https://unfccc.int/topics/science/workstreams/coopera tion-with-the-ipcc/ipcc-special-report-on-global-warming-of-15-degc.

46 Sunday Times Driving, "10 Electric Cars with 248 Miles or More Range to Buy Instead of a Diesel or Petrol," *Sunday Times* (UK), July 1, 2019, https://www.driving.co.uk/news/10-electric-cars-248-miles-range-buy-instead-diesel-petrol/.

47 Christine Negroni, "How Much of the World's Population Has Flown in an Airplane?" *Air & Space*, January 6, 2016, https://www.airspacemag.com/daily-planet/how-much-worlds-population-has-flown-airplane-180957719/；原始分析學者為航空安全專家 Tom Farrier，刊登於 Quora：Farrier, "What Percent of the World's Population Will Fly in an Airplane in Their Lives?" Quora, December 13, 2013, https://www.quora.com/What-percent-of-the-worlds-population-will-fly-in-an-airplane-in-their-lives。

行動六：為地球復育森林

48 Liz Goldmanand Mikaela Weisse,"Technical Blog: Global Forest Watch's 2018 Data Update Explained," Global Forest Watch, April 25, 2019, https://blog.globalforestwatch.org/data-and-research/technical-blog-global-forest-watchs-2018-data-update-explained; Gabriel daSilva, "World Lost 12 Million Hectares of Tropical Forest in 2018," Ecosystem Marketplace, April 25, 2019, https://www.ecosystemmarketplace.com/articles/world-lost-12-million-hectares-tropical-forest-2018/.

49 Rhett A. Butler, "Beef Drives 80% of Amazon Deforestation," Mongabay, January 29, 2009, https://news.mongabay.com/2009/01/beef-drives-80-of-amazon-deforestation/；完整報告請見：Greenpeace Amazon, "Amazon Cattle Footprint, Mato Grosso: State of Destruction," February 2010, https://www.greenpeace.org/usa/wp-content uploads/legacy/Global/usa/report/2010/2/amazon-cattle-footprint.pdf。

50 Herton Escobar, "Deforestation in the Amazon Is Shooting Up, but Brazil's President Calls the Data 'a Lie,' " *Science*, July 28, 2019, https://www.sciencemag.org/news/2019/07/deforestation-amazon-shooting-brazil-s-president-calls-data-lie.

51 Yuna He, Xiaoguang Yang, Juan Xia, Liyun Zhao, and Yuexin Yang, "Consumption of Meat and Dairy Products in China: A Review," *Proceedings of the Nutrition Society* 75, no. 3 (August 2016): 385-91, https://doi.org/10.1017/S0029665116000641.

52 David Tilman, Michael Clark, David R. Williams, et al., "Future Threats to Biodiversity and Pathways to Their Prevention," *Nature* 546, (June 1, 2017): 73-81, https://www.nature.com/articles/nature22900; Jonathan A. Foley, Navin Ramankutty, Kate A. Brauman, et al., "Solutions for a Cultivated Planet," *Nature* 478 (October 12, 2011): 337-42, https://www.nature.com/articles/nature10452.

53 EATForum, "The EAT-Lancet Commission on Food, Planet, Health," https://eatforum.org/eat-lancet-commission/.

54 Jean-Francois Bastin, Yelena Finegold, Claude Garcia, et al., "The Global Tree Restoration Potential," *Science* 365, no. 6448 (July 5, 2019): 76-79, https://science.sciencemag.org/content/365/6448/76.

55 出處同上。

56 World Agroforestry, "New Look at Satellite Data Quantifies Scale of China's Afforestation Success," press release, May 5, 2017, https://www.worldagroforestry.org/news/new-look-satellite-data-quantifies-scale-chinas-afforestation-success.

57 United Nations Environment Programme, "Ethiopia Plants over 350 Million Trees in a Day, Setting New World Record," August 2, 2019, https://www.unenvironment.org/news-and-stories/story/ethiopia-plants-over-350-million-trees-day-setting-new-world-record.

58 Roland Ennos, "Can Trees Really Cool Our Cities Down?" The Conversation, December 22, 2015, http://theconversation.com/can-trees-really-cool-our-cities-down-44099.

59 Amy Fleming, "The Importance of Urban Forests: Why Money Really Does Grow on Trees," *Guardian* (U.S. edition), October 12, 2016, https://www.theguardian.com/cities/2016/oct/12/importance-urban-forests-money-grow-trees.

60 雖然人類的肉類食用量在整個歷史上有起有落，但大致上都遠低於目前的數字。史前人類偶爾會撿食腐肉，古希臘羅馬時代則是每人每年食用約 20 公斤到 30 公斤。在中世紀，歐洲每人每年食用約 40 公斤，而在瘟疫後的文藝復興時期達到 110 公斤。再到工業革命期間，則是下降到每人每年平均只有 14 公斤。相關數據可參見：Tomorrow Today, "A History of Meat Consumption," video, Deutsche Welle, January 18, 2019, https://www.dw.com/en/a-history-of-meat-consumption/av-47130648。經過工業革命、也發展出冷藏技術，肉類的食用量穩定增加。全球每人每年肉類食用量從 1960 年代的 20 公斤，增加到今日的 40 公斤。食用量最高的是各個高收入國家的人民（澳洲的肉類愛好者最多，在 2013 年平均食用量高達每人 113 公斤；至於在歐洲與北美，則各別為將近 80 公斤與超過 110 公斤），請參閱：Hannah Ritchie and Max Roser, "Meat and Dairy Production," Our World in Data, August 2017, https://ourworldindata.org/meat-and-seafood-production-consumption.

61 Areeba Hasan, "Signal of Change: AT Kearney Expects Alternative Meats to Make Up 60% Market in 2040," Futures Centre, July 16, 2019, https://www.thefuturescentre.org/signals-of-change/224145/kearney-expects-alternative-meats-make-60-market-2040.

62 Paul Armstrong, "Greenpeace, Nestlé in Battle over Kit Kat Viral," CNN, March 20, 2010, http://edition.cnn.com/2010/WORLD/asiapcf/03/19/indonesia.rainforests.orangutan.nestle/index.html.

63 Greenpeace International, "Nestlé Promise Inadequate to Stop Deforestation for Palm Oil," press release, September 14, 2018, https://www.greenpeace.org/international/press-release/18400/nestle-promise-in adequate-to-stop-deforestation-for-palm-oil/. 關於雀巢公司所面臨的難題及反應，進一步分析請參見：Aileen Ionescu-Somers

and Albrecht Enders, "How Nestlé Dealt with a Social Media Campaign Against It," *Financial Times,* December 3, 2012, https://www.ft.com/content/90dbff8a-3aea-11e2-b3f0-00144feabdc0。

行動七：投資「清潔經濟」

64 關於這項主題，有兩篇文章特別值得參考：Jonathan Rowe and Judith Silverstein, "The GDP Myth," JonathanRowe.org, http://jonathanrowe.org/the-gdp-myth, originally published in *Washington Monthly*, March 1, 1999；以及 Stephen Letts, "The GDP Myth: The Planet's Measure for Economic Growth Is Deeply Flawed and Outdated," ABC.net.au, June 2, 2018, https://www.abc.net.au/news/2018-06-02/gdp-flawed-and-out-of-date-why-still-use-it/9821402。

65 United Nations, "About the Sustainable Development Goals," https://www.un.org/sustainabledevelopment/sustainable-development-goals/.

66 Dieter Holger, "Norway's Sovereign-Wealth Fund Boosts Renewable Energy, Divests Fossil Fuels," *Wall Street Journal*, June 12, 2019, https://www.wsj.com/articles/norways-sovereign-wealth-fund-boosts-renewable-energy-divests-fossil-fuels-11560357485.

67 國際氣候變遷行動組織 350.org, "350 Campaign Update: Divestment," https://350.org/350-campaign-update-divestment/.

68 Chris Mooney and Steven Mufson, "How Coal Titan Peabody, the World's Largest, Fell into Bankruptcy," *Washington Post*, April 13, 2016, https://www.washingtonpost.com/news/energy-environment/wp/2016/04/13/coal-titan-peabody-energy-files-for-bankruptcy/.

69 350.org, "Shell Annual Report Acknowledges Impact of Divestment Campaign," press release, June 22, 2018, https://350.org/press-release/shell-report-impact-of-divestment/.

70 Ceri Parker, "New Zealand Will Have a New 'Well-being Budget,' Says Jacinda Ardern," *World Economic Forum*, January 23, 2019, https://www.weforum.org/agenda/2019/01/new-zealand-s-new-well-being-budget-will-fix-broken-politics-says-jacinda-ardern/.

71 Enter Costa Rica, "Costa Rica Education," https://www.entercostarica.com/travel-guide/about-costa-rica/education.

72 World Bank, "Accounting Reveals That Costa Rica's Forest Wealth Is Greater Than

Expected," May 31, 2016, https://www.worldbank.org/en/news/feature/2016/05/31/accounting-reveals-that-costa-ricas-forest-wealth-is-greater-than-expected.

73 參見：http://happyplanetindex.org/countries/costa-rica。

行動八：盡責使用科技

74 關於人工智慧的簡介，可參見：Snips, "A 6-Minute Intro to AI," https://snips.ai/content/intro-to-ai/#ai-metrics。

75 David Silver and Demis Hassabis, "AlphaGo Zero: Starting from Scratch," DeepMind, October 18, 2017, https://deepmind.com/blog/alphago-zero-learning-scratch/.

76 DeepMind, https://deepmind.com/.

77 Rupert Neate, "Richest 1% Own Half the World's Wealth, Study Finds," *Guardian* (U.S. edition), November 14, 2017, https://www.theguardian.com/inequality/2017/nov/14/worlds-richest-wealth-credit-suisse.

78 Amy Sterling, "Millions of Jobs Have Been Lost to Automation. Economists Weigh In on What to Do About It," *Forbes*, June 15, 2019, https://www.forbes.com/sites/amysterling/2019/06/15/automated-future/.

79 Trading Economics, "Brazil—Employment in Agriculture (% of Total Employment)," https://tradingeconomics.com/brazil/employment-in-agriculture-percent-of-total-employment-wb-data.html.

80 更多AI科技應用在能源領域的資訊，請參見：Olivia Gagan, "Here's How AI Fits into the Future of Energy," World Economic Forum, May 25, 2018, https://www.weforum.org/agenda/2018/05/how-ai-can-help-meet-global-energy-demand。

81 David Rolnick, Priya L. Donti, Lynn H. Kaack, et al., "Tackling Climate Change with Machine Learning," Arxiv, June 10, 2019, https://arxiv.org/pdf/1906.05433.pdf.

82 PricewaterhouseCoopers, "What Doctor? Why AI and Robotics Will Define New Health," April 11, 2017, https://www.pwc.com/gx/en/industries/healthcare/publications/ai-robotics-new-health/ai-robotics-new-health.pdf.

83 Nicolas Miailhe, "AI & Global Governance: Why We Need an Intergovernmental Panel for Artificial Intelligence," United Nations University Centre for Policy Research, December 10, 2018, https://cpr.unu.edu/ai-global-governance-why-we-need-an-intergovernmental-panel-for-artificial-intelligence.html.

84 Tom Simonite, "Canada, France Plan Global Panel to Study the Effects of AI," *Wired,* December 6, 2018, https://www.wired.com/story/canada-france-plan-global-panel-study-ai/.

85 Richard Evans and Jim Gao, "DeepMind AI Reduces Google Data Centre Cooling Bill by 40%," DeepMind, July 20, 2016, https://deepmind.com/blog/deepmind-ai-reduces-google-data-centre-cooling-bill-40/.

行動九：營造性別平等

86 United Nations Division for the Advancement of Women (UNDAW), "Equal Participation of Women and Men in Decision-Making Processes, with Particular Emphasis on Political Participation and Leadership," report of the Expert Group Meeting, October 24-25, 2005; Kathy Caprino, "How Decision-Making Is Different Between Men and Women and Why It Matters in Business," *Forbes*, May 12, 2016, https://www.forbes.com/sites/kathycaprino/2016/05/12/how-decision-making-is-different-between-men-and-women-and-why-it-matters-in-business/; Virginia Tech, "Study Finds Less Corruption in Countries Where More Women Are in Government," ScienceDaily, June 15, 2018, https://www.sciencedaily.com/releases/2018/06/180615094850.htm.

87 United Nations Climate Change News, "5 Reasons Why Climate Action Needs Women," United Nations Framework Convention on Climate Change, April 2, 2019, https://unfccc.int/news/5-reasons-why-climate-action-needs-women; Emily Dreyfuss, "Here's a Way to Fight Climate Change: Empower Women," *Wired*, December 3, 2018, https://www.wired.com/story/heres-a-way-to-fight-climate-change-empower-women/.

88 Thais Compoint, "10 Key Barriers for Gender Balance (Part 2 of 3)," Déclic International, March 5, 2019, https://declicinternational.com/key-barriers-gender-balance-2/.

89 Anne Finucane and Anne Hidalgo, "Climate Change Is Everyone's Problem. Women Are Ready to Solve It," *Fortune*, September 12, 2018, https://fortune.com/2018/09/12/climate-change-sustainability-women-leaders/.

90 "What Works in Girls' Education", Brookings Institution, https://www.brookings.edu/wp-content/uploads/2016/07/What-Works-in-Girls-Educationlowres.pdf.

91 出處同上。

92 Brand New Congress, https://brandnewcongress.org/.

93 Andrea González-Ramírez, "The Green New Deal Championed by Alexandria Ocasio-Cortez Gains Momentum," Refinery29, February 7, 2019, https://www.refinery29.com/en-us/2018/12/219189/alexandria-ocasio-cortez-green-new-deal-climate-change；關於美國女性政治人物如何團結以及爭取權利，參見：Sirena Bergman, "State of the Union: How Congresswomen Used Their Outfits to Make a Statement at Trump's Big Address," *Independent*, February 6, 2019, https://www.independent.co.uk/life-style/women/trump-state-union-women-ocasio-cortez-pelosi-suffragette-white-a8765371.html。

94 Natural Resources Defense Council, "Salt of the Earth, Courtesy of the Sun," January 30, 2019, https://www.nrdc.org/stories/salt-earth-courtesy-sun.

95 Solar Sister, https://solarsister.org.

行動十：參與政治

96 Laurie Goering, "Climate Pressures Threaten Political Stability— Security Experts," Reuters, June 24, 2015, https://uk.reuters.com/article/climatechange-security-politics/climate-pressures-threaten-political-stability-security-experts-idUKL8N0ZA2H220150624.

97 Laura McCamy, "Companies Donate Millions to Political Causes to Have a Say in the Government—Here Are 10 That Have Given the Most in 2018," *Business Insider France,* October 13, 2018, http://www.businessinsider.fr/us/companies-are-influencing-politics-by-donating-millions-to-politicians-2018-9.

98 Influence Map, "National Association of Manufacturers (NAM)," https://influencemap.org/influencer/National-Association-of-Manufacturing-NAM.

99 例如美國，參見：Andy Stone, "Climate Change: A Real Force in the 2020 Campaign?" *Forbes,* July 25, 2019, https://www.forbes.com/sites/andystone/2019/07/25/climate-change-a-real-force-in-the-2020-campaign/。

100 關於「反抗滅絕」團體的更多資訊，請參見官網：https://rebellion.earth/；Brian Doherty, Joost de Moor, and Graeme Hayes, "The 'New' Climate Politics of Extinction Rebellion?" openDemocracy, November 27, 2018, https://www.opendemocracy.net/en/new-climate-politics-of-extinction-rebellion/。

101 更多關於公民不服從的資源，參見："Civil Disobedience," ScienceDirect, https://www.sciencedirect.com/topics/computer-science/civil-disobedience。

102 Erica Chenoweth, "The '3.5% Rule': How a Small Minority Can Change the World," Carr Center for Human Rights Policy, May 14, 2019, https://carrcenter.hks.harvard.edu/news/35-rule-how-small-minority-can-change-world.

103 Fridays for Future, https://www.fridaysforfuture.org/.

104 Jonathan Watts, " 'Biggest Compliment Yet': Greta Thunberg Welcomes Oil Chief's 'Greatest Threat' Label," *Guardian* (U.S. edition), July 5, 2019, https://www.theguardian.com/environment/2019/jul/05/biggest-compliment-yet-greta-thunberg-welcomes-oil-chiefs-greatest-threat-label.

結語　一個新的故事

1 關於美國航太總署（NASA）對史普尼克號的看法：National Aeronautics and Space Administration, "Sputnik and the Dawn of the Space Age," October 10, 2007, https://history.nasa.gov/sputnik/。

2 這裡有一篇在五十年後對甘迺迪這則演講的分析：Marina Koren, "What John F.Kennedy's Moon Speech Means 50 Years Later," *The Atlantic*, July 15, 2019, https://www.theatlantic.com/science/archive/2019/07/apollo-moon-landing-jfk-speech/593899/。

3 Space Center Houston, "Photo Gallery: Apollo-Era Flight Controllers," July 2, 2019, https://spacecenter.org/photo-gallery-apollo-era-flight-controllers/.

4 關於這場「甘迺迪和清潔工」的事件，以及這個事件能告訴我們哪些關於靈感及動機的事，相關分析請參見：Zach Mercurio, "What Every Leader Should Know About Purpose," *Huffington Post,* February 20, 2017, https://www.huffpost.com/entry/what-every-leader-should-know-about-purpose_b_58ab103fe4b026a89a7a2e31。

參考書目與延伸閱讀

氣候變遷問題

Archer, David. *The Long Thaw: How Humans Are Changing the Next 100,000 Years of Earth's Climate*. Princeton, N.J.: Princeton Science Library, 2016.

Carson, Rachel. *Silent Spring*. New York: Mariner Books, 1962. 中文版《寂靜的春天：自然文學不朽經典全譯本》，野人 2017 年出版。

Evans, Alex. *The Myth Gap: What Happens When Evidence and Arguments Aren't Enough*. Bodelva, Cornwall, UK: Eden Project Books, 2017.

Ghosh, Amitav. *The Great Derangement: Climate Change and the Unthinkable*. Chicago: University of Chicago Press, 2017.

Goodell, Jeff. *The Water Will Come: Rising Seas, Sinking Cities, and the Remaking of the Civilized World*. New York: Back Bay Books, 2018.

Hansen, James. *Storms of My Grandchildren: The Truth About the Coming Climate Catastrophe and Our Last Chance to Save Humanity*. New York: Bloomsbury, 2010.

Henson, Robert. *The Rough Guide to Climate Change*. London; Rough Guides, 2011.

Jamail, Dahr. *The End of Ice: Bearing Witness and Finding Meaning in the Path of Climate Disruption*. New York: New Press, 2019.

Jamieson, Dale. *Reason in a Dark Time: Why the Struggle Against Climate Change Failed—And What It Means for Our Future*. Oxford: Oxford University Press, 2014.

Keeling, Charles. "The Concentration and Isotopic Abundances of Carbon Dioxide in the Atmosphere." *Tellus* 12, no. 2 (1960). https://online library.wiley.com/doi/epdf/10.1111/j.2153-3490.1960.tb01300.x.

Kolbert, Elizabeth. *Field Notes from a Catastrophe: Man, Nature, and Climate Change*. New York: Bloomsbury, 2015.

Lancaster, John. *The Wall: A Novel*. New York: W. W. Norton, 2019.

Lynas, Mark. *Six Degrees: Our Future on a Hotter Planet*. Boone, Iowa: National Geographic, 2008. 中文版《改變世界的 6℃》，天下雜誌 2010 年出版。

Masson-Delmotte, V., P. Zhai, H.-O. Pörtner, D. Roberts, J. Skea, P. R. Shukla, A. Pirani, W. Moufouma-Okia, C. Péan, R. Pidcock, S. Connors, J. B. R. Matthews, Y. Chen, X. Zhou, M. I. Gomis, E. Lonnoy, T. Maycock, M. Tignor, and T. Waterfield, eds. *Global Warming of 1.5°C. An IPCC Special Report on the Impacts of Global Warming of 1.5°C Above Pre-Industrial Levels and Related Global Greenhouse Gas Emission Pathways, in the Context of Strengthening the Global Response to the Threat of Climate Change, Sustainable Development, and Efforts to Eradicate Poverty.* IPCC, 2018.

Moellendorf, Darrell. "Progress, Destruction, and the Anthropocene." *Social Philosophy and Policy* 34, no. 2 (2017): 66-88.

Wallace-Wells, David. *The Uninhabitable Earth: Life After Warming*. New York: Tim Duggan Books, 2019.

設計未來：政治、社會、科技與文化的改變

Davey, Edward. *Given Half a Chance: Ten Ways to Save the World*. London: Unbound, 2019.

Franklin, Daniel. *Mega Tech: Technology in 2050*. London: Economist Books, 2017. 中文版《巨科技：解碼未來三十年的科技社會大趨勢》，天下文化 2018 年出版。

Gold, Russell. *Superpower: One Man's Quest to Transform American Energy*. New York: Simon and Schuster, 2019.

Harvey, Hal. *Designing Climate Solutions: A Policy Guide for Low-Carbon Energy*. Washington, D.C.: Island Press, 2018.

Hawken, Paul, ed. *Drawdown: The Most Comprehensive Plan Ever Proposed to Reverse Global Warming*. London: Penguin Books, 2017. 中文版《反轉地球暖化 100 招》，聯經 2019 年出版。

Latour, Bruno. *Down to Earth: Politics in the New Climate Regime*. Cambridge, UK: Polity Press, 2018.

Leicester, Graham. *Transformative Innovation: A Guide to Practice and Policy*. Charmouth, UK: Triarchy Press, 2016.

Lovelock, James. *The Vanishing Face of Gaia: A Final Warning*. London: Penguin, 2010.

McKibben, Bill. *Falter: Has the Human Game Begun to Play Itself Out?* New York: Henry Holt, 2019.

O'Hara, Maureen, and Graham Leicester. *Dancing at the Edge, Competence, Culture and Organization in the 21st Century.* Charmouth, UK: Triarchy Press, 2012.

Robinson, Mary. *Climate Justice: Hope, Resilience, and the Fight for a Sustainable Future*. London: Bloomsbury, 2018.

Sachs, Jeffrey D. *The Age of Sustainable Development*. New York: Columbia University Press, 2015. 中文版《永續發展新紀元》，天下文化 2015 年出版。

Sahtouris, Elisabet. *Gaia: The Story of Earth and Us*. Scotts Valley, Calif.: CreateSpace Independent Publishing Platform, 2018.

Smith, Bren. *Eat Like a Fish: My Adventures as a Fisherman Turned Restorative Ocean Farmer*. New York: Knopf, 2019.

Snyder, Timothy. *On Tyranny: Twenty Lessons from the Twentieth Century*. New York: Tim Duggan Books, 2017. 中文版《暴政：掌控關鍵年代的獨裁風潮，洞悉時代之惡的 20 堂課》，聯經 2019 年出版。

Wahl, Daniel Christian. *Designing Regenerative Cultures*. Charmouth, UK: Triarchy Press, 2016.

Walsh, Bryan. *End Times: A Brief Guide to the End of the World*. London: Hachette Books, 2019.

Wheatley, Margaret J. *Leadership and the New Science: Discovering Order in a Chaotic World*. Oakland, Calif.: Berrett-Koehler, 2006.

經濟

Assadourian, Erik. "The Rise and Fall of Consumer Cultures." In Worldwatch Institute, ed., *State of the World 2010: Transforming Cultures from Consumerism to Sustainability.* New York: W. W. Norton, 2010.

Jackson, Tim. *Prosperity Without Growth: Economics for a Finite Planet*. London: Routledge Earthscan, 2009.

Klein, Naomi. *On Fire: The (Burning) Case for a Green New Deal*. New York: Simon and Schuster, 2019. 中文版《刻不容緩：當氣候危機衝擊社會經濟，我們如何尋求適合居住的未來？》，時報文化 2020 年出版。

Klein, Naomi. *This Changes Everything: Capitalism vs. the Climate*. New York: Simon and Schuster, 2015. 中文版《天翻地覆：資本主義 vs. 氣候危機》，時報文化 2016 年出版。

Lovins, L. Hunter, Stewart Wallis, Anders Wijkman, and John Fullerton. *A Finer Future: Creating an Economy in Service to Life*. Philadelphia: New Society, 2018.

Meadows, Donella H., Dennis L. Meadows, Jørgen Randers, and William W. Behrens III. *Limits to Growth: The 30-Year Update*. Chelsea, Vt.: Chelsea Green, 2004.

Nordhaus, William. *The Climate Casino: Risk, Uncertainty, and Economics for a Warming World*. New Haven, Conn.: Yale University Press, 2015. 中文版《氣候賭局：延緩氣候變遷 vs. 風險與不確定性，經濟學能拿全球暖化怎麼辦？》，寶鼎 2019 年出版。

Raworth, Kate. *Doughnut Economics: Seven Ways to Think Like a 21st-Century Economist*. New York: Random House, 2017.

Rowland, Deborah. *Still Moving: How to Lead Mindful Change*. New York: Wiley Blackwell, 2017.

個人行動與運動動員

Bateson, Gregory. *Steps to an Ecology of Mind*. New York: Chandler, 1972.

Berners-Lee, Mike. *There Is No Planet B: A Handbook for the Make or Break Years*. Cambridge, UK: Cambridge University Press, 2019.

Extinction Rebellion. *This Is Not a Drill: An Extinction Rebellion Handbook*. London: Penguin, 2019.

Foer, Jonathan Safran. *We Are the Weather: Saving the Planet Begins at Breakfast*. New York: Farrar, Straus and Giroux, 2019.

Friedman, Thomas L. *Thank You for Being Late: An Optimist's Guide to Thriving in the Age of Acceleration*. New York: Farrar, Straus and Giroux, 2016. 中文版《謝謝你遲到了：一個樂觀主義者在加速時代的繁榮指引》，天下文化 2017 年出版。

Havel, Václav. *Disturbing the Peace: A Conversation with Karel Huizdala*. New York: Vintage Books, 1991.

Louv, Richard. *Last Child in the Woods: Saving Our Children from NatureDeficit Disorder.* New York: Algonquin, 2005.

Macy, Joanna, and Chris Johnstone. *Active Hope: How to Face the Mess We're in Without Going Crazy*. San Francisco: New World Library, 2012.

Mandela, Nelson. *A Long Walk to Freedom*. New York: Time Warner Books, 1995.

Martinez, Xiuhtezcatl. *We Rise: The Earth Guardians Guide to Building a Movement That Restores the Planet*. New York: Rodale Books, 2018.

Plous, Scott. *The Psychology of Judgment and Decision Making*. Philadelphia: Temple University Press, 1993.

Quinn, Robert E. *Building the Bridge As You Walk on It: A Guide for Leading Change*. Greensboro, N.C.: Jossey-Bass, 2004.

Scranton, Roy. *Learning to Die in the Anthropocene: Reflections on the End of Civilization*. San Francisco: City Lights, 2015.

Seligman, Martin E. P. *Learned Optimism: How to Change Your Mind and Your Life*. London: Vintage, 2006.

Sharpe, Bill. *Three Horizons: The Patterning of Hope*. Charmouth, UK: Triarchy Press, 2013.

Solnit, Rebecca. *Hope in the Dark: Untold Histories, Wild Possibilities.* Chicago: Haymarket Books, 2016.

Thunberg, Greta. *No One Is Too Small to Make a Difference*. London: Penguin, 2019.

Wheatley, Margaret J. *Who Do We Choose to Be? Facing Reality, Claiming Leadership, Restoring Sanity.* Oakland, Calif.: Berrett-Koehler, 2017.

大自然

Baker, Nick. *ReWild: The Art of Returning to Nature*. London: Aurum, 2017.

Brown, Gabe. *Dirt to Soil: One Family's Journey into Regenerative Agriculture*. London: Chelsea Green, 2018.

Eisenstein, Charles. *Climate: A New Story*. Berkeley, Calif.: North Atlantic Books, 2018.

Glassley, William E. *A Wilder Time: Notes from a Geologist at the Edge of the Greenland Ice*. New York: Bellevue Literary Press, 2018.

Kolbert, Elizabeth. *The Sixth Extinction: An Unnatural History*. London: Picador, 2015. 中文版《第六次大滅絕：不自然的歷史》，天下文化 2018 年出版。

Monbiot, George. *Feral: Rewilding the Land, Sea and Human Life*. London: Penguin, 2015.

Oakes, Lauren E. *In Search of the Canary Tree: The Story of a Scientist, a Cypress, and a Changing World*. New York: Basic Books, 2018.

Simard, Suzanne. *Finding the Mother Tree*. London: Penguin Random House, 2020.

Tree, Isabella. *Wilding: The Return of Nature to a British Farm*. London: Picador, 2018.

Wohlleben, Peter. *The Hidden Life of Trees: What They Feel, How They Communicate—Discoveries from a Secret World*. Vancouver, B.C.: Greystone Books, 2016.

Wulf, Andrea. *The Invention of Nature: Alexander von Humboldt's New World*. New York: Vintage, 2015. 中文版《博物學家的自然創世紀：亞歷山大・馮・洪堡德用旅行與科學丈量世界，重新定義自然》，果力文化 2016 年出版。

相關科學：實用參考資源

Earth Observatory, NASA, https://earthobservatory.nasa.gov/

National Geographic, nationalgeographic.com

Nature: Climate Change, nature.com

Our World in Data, Ourworldindata.org ScienceAlert.com

ScienceDirect.com

Smithsonian Magazine, smithsonianmag.com

Skeptical Science: Getting skeptical about global warming skepticism, https://skepticalscience.com/

Water Scarcity Atlas, waterscarcityatlas.org

World Health Organization, who.int

Drawdown.org: https://www.drawdown.org/references

科學文化 215

我們可以選擇的未來

拯救氣候危機

The Future We Choose:

The Stubborn Optimist's Guide to the Climate Crisis

原著 — 克莉絲緹亞娜・菲格雷斯（Christiana Figueres）
湯姆・里維特－卡納克（Tom Rivett-Carnac）
譯者 — 林俊宏
科學文化叢書策劃群 — 林和（總策劃）、牟中原、李國偉、周成功

總編輯 — 吳佩穎
編輯顧問暨責任編輯 — 林榮崧
封面設計暨美術編輯 — 江儀玲

出版者 — 遠見天下文化出版股份有限公司
創辦人 — 高希均、王力行
遠見・天下文化・事業群 董事長 — 高希均
事業群發行人／CEO — 王力行
天下文化社長 — 林天來
天下文化總經理 — 林芳燕
國際事務開發部兼版權中心總監 — 潘欣
法律顧問 — 理律法律事務所陳長文律師
著作權顧問 — 魏啟翔律師
社址 — 台北市 104 松江路 93 巷 1 號 2 樓
讀者服務專線 — 02-2662-0012 ｜ 傳真 — 02-2662-0007, 02-2662-0009
電子郵件信箱 — cwpc@cwgv.com.tw
直接郵撥帳號 — 1326703-6 號 遠見天下文化出版股份有限公司
排版廠 — 極翔企業有限公司
製版廠 — 東豪印刷事業有限公司
印刷廠 — 柏皓彩色印刷有限公司
裝訂廠 — 中原造像股份有限公司
登記證 — 局版台業字第 2517 號
總經銷 — 大和書報圖書股份有限公司 電話／02-8990-2588
出版日期 — 2021 年 5 月 27 日第一版第 1 次印行

國家圖書館出版品預行編目 (CIP) 資料

我們可以選擇的未來：拯救氣候危機／克莉絲緹亞娜．菲格雷斯 (Christiana Figueres), 湯姆．里維特 - 卡納克 (Tom Rivett-Carnac) 著；林俊宏譯．-- 第一版．-- 臺北市：遠見天下文化出版股份有限公司, 2021.05
面；　公分．--（科學文化；215）
譯　自：The future we choose : The Stubborn Optimist's Guide to the Climate Crisis
ISBN 978-986-525-178-9（平裝）

1. 全球氣候變遷　2. 地球暖化　3. 環境保護
328.8　　110007357

定價 — NT360 元
書號 — BCS215
ISBN — 978-986-525-178-9
天下文化書坊 — http://www.bookzone.com.tw

天下文化
BELIEVE IN READING